Peidianwang Guanjian Shebei Shigu Chuli Fenxi Yu Yanjiu

配电网关键设备

事故处理分析与研究

黄　媚　黄焕彬　主编

华南理工大学出版社
SOUTH CHINA UNIVERSITY OF TECHNOLOGY PRESS

·广州·

图书在版编目（CIP）数据

配电网关键设备事故处理分析与研究／黄媚，黄焕彬主编 .—广州：华南理工大学出版社，2018.4

ISBN 978-7-5623-5610-3

Ⅰ .①配… Ⅱ .①黄… ②黄… Ⅲ .①配电系统 - 电力设备 - 安全事故 - 事故处理②配电系统 - 电力设备 - 安全事故 - 事故分析 Ⅳ.① TM727

中国版本图书馆 CIP 数据核字（2018）第 086148 号

配电网关键设备事故处理分析与研究

黄 媚 黄焕彬 主编

出 版 人：卢家明

出版发行：华南理工大学出版社

（广州五山华南理工大学 17 号楼，邮编 510640）

http://www.scutpress.com.cn E-mail: scutc13@scut.edu.cn

营销部电话：020-87113487 87111048（传真）

责任编辑：张 楚 林起提

印 刷 者：佛山市浩文彩色印刷有限公司

开 本：787mm×1092mm 1/16 印张：9 字数：113 千

版 次：2018 年 4 月第 1 版 2018 年 4 月第 1 次印刷

定 价：28.00 元

编 委 会

前　言

随着国家能源战略推进和电力体制改革，智能化电网、能源网＋大电网、电力市场化交易等推陈出新，电力系统的稳定显得尤为重要。若电力系统发生故障，不能及时进行有效控制和处理，将可能破坏整个电网系统的稳定，造成电网解列、大面积停电事故等，对国家政治、社会、经济造成重大影响。8·15 台湾停电事故、3·21 巴西特大停电事故等，都对当地的政治、社会、经济造成了严重的负面影响。防微杜渐，保证电力系统安全、稳定运行，是从事电力生产工作人员的首要职责。

为方便电力调度人员从历史安全事故中吸取经验教训，熟悉电力设备情况、异常处置要点，提升电力调度人员业务水平和故障处理能力，特编制《配电网关键设备事故处理分析与研究》一书，为电力工作人员学习、借鉴、培训、交流提供参考资料，以便进一步做好电网安全、稳定运行的维护工作。

本书从电力生产实际运维和故障异常处置两方面着手。从电力生产实际运维角度阐述了配网管辖变电设备的基本构造、工作原理、保护配置、操作原则和异常处理规范等；在故障异常处置方面整理了近10 年来设备故障案例，以经典、有代表性的事故作为案例，分析和讨论不同故障类型的发生过程、所暴露问题及应对措施，总结了电力调度员在事故处理过程中的关键点，以供电力调度员借鉴事故处理经验。

本书的编写得到了深圳供电局有限公司的大力支持。在各级领导的关怀下，编写组的技术人员经过收集资料、分析事故、讨论交流，完成了本书的编写，在此一并致以诚挚的谢意。

由于技术水平和时间限制，本文难免存在诸多不足乃至错误之处，恳请读者批评指正。

编　者

2018 年 4 月

目　录

第1章 主变压器

1.1 深圳配电网主变保护

1.1.1 深圳配电网主变保护情况介绍

电力变压器保护主要有电量保护和非电量保护，针对电力变压器的故障和不正常工作状态进行处理。

电力变压器的故障和不正常工作状态主要有：

① 绕组及其引出线的相间短路和在中性点直接接地侧的单相接地短路；

② 绕组的匝间短路；

③ 外部相间短路引起的过电流；

④ 中性点直接接地电力网中，外部接地短路引起的过电流及中性点过电压；

⑤ 过负荷；

⑥ 过励磁；

⑦ 中性点非直接接地侧的单相接地故障；

⑧ 油面降低；

⑨ 变压器温度及油箱压力升高和冷却系统故障。

1. 深圳电网变压器电量保护

深圳电网变压器内部故障的电量保护均是差动保护。由于电力变压器的特殊结构及运行特点，对用于电力变压器的差动保护有不同于其他差动保护的要求，如励磁涌流等。差动保护能够反映变压器的接地、相间和匝间短路等故障。

2. 深圳电网变压器非电量保护

深圳电网变压器内部故障的非电量保护为瓦斯保护：通常变压器内部故障直接反映于变压器内部瓦斯、压力、温度等非电量特征的变化，特别是轻微故障（如少许的匝间故障）时这些非电量特征的变化往往比常规的稳态比率差动保护更加灵敏。非电量保护主要是从主变本体来的信号。

3. 深圳电网变压器后备保护

深圳电网变压器后备保护主要有以下几点：

（1）过流保护（可经方向和复合电压闭锁）：变压器的过流保护可作为本身的后备保护亦可作为系统的后备保护，或兼作低压侧的母线（后备）保护；

（2）零序过流保护（可经方向和零序电压闭锁）；

（3）间隙零序电流电压保护。

后备保护动作通常以不同时限跳分段（母联）断路器、本侧断路器、各侧断路器。

1.1.2　深圳电网主变中性点整定

电力系统变压器中性点接地方式的选择，是一个关系到电网安全运行的综合性问题。它与电网的绝缘水平、保护配置、系统的供电可靠性、发生接地故障时的短路电流大小及分布等关系密切。

电力系统中，电压等级愈高，绝缘费用在电力设备造价中所占的比重也愈大，因此，为了节省投资，110 kV 及以上电压等级电力系统采用中性点直接接地方式（大电流接地系统），线路绝缘均按照相电压标准设计，变压器采用半绝缘方式，其特点是：当系统发生接地故障，尤其是发生单相接地故障时，非故障相的对地电压不升高，接地相的故障电流较大。在大电流接地电网中，接地电流的大小和分布以及零序电压的水平，主要取决于电网中性点直接接地变压器的分布。因此，合理选择变压器中性点的接地方式，对于快速切除故障，提高电力系统运行的可靠性和稳定性，减少系统故障对电力系统的影响，消除系统故障对电力设备的危害都有非常重要的现实意义。

1. 深圳电网中性点整定原则

（1）500 kV 自耦变压器中性点直接接地或经小电抗接地。

深圳电网 500 kV 变压器均采用自耦变压器，由于自耦变压器的高压侧和中压侧不仅有磁的联系，还有电的联系，为了避免高压侧发生单相接地时中压侧产生过电压，其中性点必须直接接地。

但近年来，随着广东电网超高压系统的扩大，容量的不断增加，系统的单相接地短路电流亦不断增加，而多数 500 kV 主变中性点采用直接接地方式，使系统零序电抗大大降低，导致部分 500 kV 变电站内 220 kV 侧母线单相短路电流超过三相短路电流，甚至超过了断路器遮断容量，对电网的安全稳定运行构成极大的威胁，并阻碍了电网的进一步发展。

2009 年夏季，最大运行方式（系统在该方式下运行时，具有最小的短路阻抗值，发生短路后产生的短路电流最大的一种运行方式。）下，500 kV PC 站 220 kV 母线三相短路电流为 48.3 kA，而单相短路电流却达到 53.6 kA，而开关遮断容量仅为 50 kA，且很难在短时间内全部更换。为降低短路电流，一是从系统运行方式（分母运行、断开或跳通线路等运行措施）安排上进行限制，如 PC 站 220 kV 母线分列运行，220 kV JL 站乙线空充运行等，以上措施通过增大短路点的正序阻抗将短路电流降低至安全水平，但对系统的供电可靠性带来一定的负面影响。二是将 500 kV 自耦变压器中性点经小电抗接地，可以明显降低 220kV 侧母线的单相短路电流，且对 500 kV 母线短路电流几乎无限制效果。目前，深圳电网 ZJ 站、PC 站、KP 站 3 个 500 kV 变电站主变均采取中性点经小电抗接地的方式，SZ 站主变中性点正在逐步加装中性点小电抗。深圳电网 KP 站 500 kV 变压器中性点加装小电抗装置接线图如图 1-1 所示。

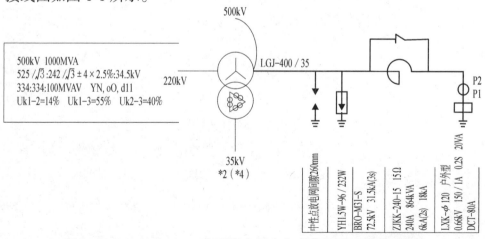

图 1-1　KP 站 500 kV 变压器中性点加装小电抗装置接线图

自耦变中性点经小电抗接地对电网的影响：

①主变中性点经小电抗接地后，由于不对称接地故障产生的三倍零序电流过中性点电抗，将在变压器中性点产生一定的电压，对变压器的绝缘提出了一定的要求。

②由于变压器中性点经小电抗接地，在发生不对称故障后，由于中性点电压的偏移，也使故障点附近母线的相电压大小发生偏移。

（2）220 kV 变压器中性点部分直接接地运行。

按照整定计算规程及省中调继电保护部整定计算的要求，结合实际情况，深圳电网 220 kV 变电站选择同一台 220 kV 变压器变高、变中中性点直接接地运行；220 kV 母线分裂运行，每一分裂母线选择同一台 220 kV 变压器变高、变中中性点直接接地运行。

由于正常情况下，同一 220 kV 片网只有一台变压器中性点高、中压侧直接接地运行，当中性点接地变压器故障跳闸时，造成该片网系统其他变压器无中性点直接接地运行，即俗话说的"失地"，此时该片网的零序阻抗发生变化，不但危及变压器中性点绝缘的安全，而且对短路电流、继电保护等均造成一定的影响。因此，我们在碰到此类事故时，应第一时间转移中性点接地，如下为近几年来深圳电网中性点接地变压器跳闸事故日志记录：

JL 站 2010-05-20

09：57：32　#3 主变三侧开关跳闸，10 kV 备自投动作成功，10 kV 3M 转 #2 主变供，事件正在组织处理中。

10：40：35　因 #3 主变跳闸，#2 主变中性点由不接地改为直接接地，已报中调。

ZH 站 2010-03-25

07：30：23 变电现场报（08：12）：#1 主变三侧开关跳闸，10 kV 1M 失压，令变电将中性点转移至 #2 主变接地运行。

08：16：13 合上 #2 主变变高 222000 中性点地刀、变中 112000 中性点地刀。

对于分级绝缘变压器，应装设零序电流保护作为变压器中性点直接接地运行时的保护，并增设一套反应间隙放电电流的零序电流保护和一套零序电压保护作为变压器中性点不接地运行时的保护。零序电压保护作为间隙放电电流保护的后备。当系统发生接地短路时，中性点接地运行的变压器由其零序电流保护动作于切除。若高压母线上已没有中性点接地运行的变压器时，中性点将发生过电压，可导致放电间隙击穿，此时中性点不接地运行的变压器将由反应间隙放电电流的零序电流保护瞬时动作于切除，如果中性点过电压值不足以使放电间隙击穿，则由零序电压保护延时 0.3s 将中性点不接地运行的变压器切除。

为了避免"失地"引起的不良后果，深圳电网在不接地的变压器中性点上除装设避雷器以外，还装设了保护间隙。保护配置及整定原则如下：

① 220 kV 变压器 220 kV 侧配置：配置两套一段式中性点间隙零序电流、零序过电压保护，动作后延时跳开变压器各侧断路器。

② 220 kV 变压器 110 kV 侧配置：配置两套一段式中性点间隙零序电流、电压保护，动作后延时跳开变压器各侧断路器。

③ 110 kV 变压器 110 kV 侧配置：配置一套一段式中性点间隙零序电流、电压保护，动作后延时跳开变压器各侧断路器。

④间隙和过电压的整定原则：220 kV主变高、中压侧100A 1.2s；180V 1.2s 跳各侧，两者有相互保持的逻辑。110 kV主变180 kV 1.5s 跳各侧；部分110 kV主变有间隙，整定为100A 1.5s 跳各侧，两者有相互保持的逻辑。

当变压器中性点不接地运行与接地运行相互切换时，二次方面应做相应更改，变电现场有相应运行规定。因此，当值调度只下令操作一次设备即可。

既然主变中性点接地如此重要，那么是否应该将全部变压器中性点接地呢？答案当然是否定的，因为变压器中性点全部接地对系统具有一定的负面影响，原因如下：

①在部分线路或变压器检修、停运以及系统运行方式变化时，零序网络及零序阻抗值发生较大的变化，各支路零序电流大小及分布也会产生较大的变化，从保护整定配合的角度出发，则要求保持变电站零序阻抗基本不变。

②变压器中性点全部接地，使系统零序阻抗大幅度降低，由此造成不对称接地故障短路电流明显增大，甚至超过开关的遮断容量。

为此，有效接地系统中应尽量采用部分变压器中性点接地的方式，以限制单相接地短路电流，降低对通信系统的干扰。

（3）XQ 站 110 kV 主变中性点经小电抗器接地。

为了避免"失地"引起的不良后果而采取的装设避雷器和保护间隙的措施，存在保护整定等不安全因素，深圳电网以 XQ 站 110 kV 变压器为试点，采取中性点经小电抗器接地的方式，变压器中性点电抗接地一次接线图如图 1-2 所示。

经实践运行结果表明，该接地方式能够使变压器中性点的工频过

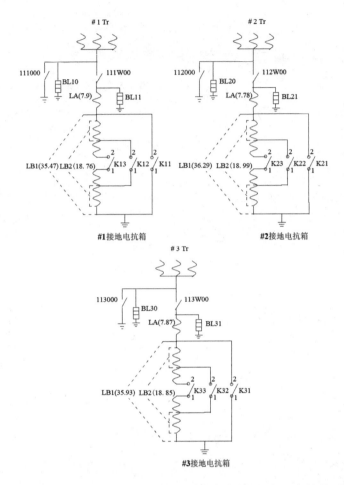

图 1-2　XQ 站 110 kV 变压器中性点电抗接地一次接线图

电压、操作过电压大幅降低，进而降低其绝缘水平，从而提高变压器运行的可靠性，使新建变压器的造价大为降低；可降低变压器中性点直接接地的大电流，解决为限制单相短路电流而约束系统规划的问题；同时不需装设保护间隙，避免变压器中性点采用间隙接地带来的安全隐患。

（4）110 kV 发电厂或低压侧有电源的变电站至少有一台变压器

中性点接地。

　　深圳电网中，经 110 kV 线路上网的地方电厂，其升压站 110 kV 母线并列运行时保留一台厂用变（主变）中性点直接接地；电厂 110 kV 母线分裂运行时，每段 110 kV 母线保留一台厂用变（主变）中性点接地。经 10 kV 线路上网的 10 kV 地方电厂，与上网线路接于同一 10 kV 母线的 110 kV 主变中性点接地。

　　以上整定原则主要是为避免发生接地故障时可能发生过电压的危险。如图 1-3 所示，某一带 110 kV 电源系统，如果电厂侧变压器中性点不接地运行，在线路发生单相接地故障时，大电源 M 侧线路开关零序保护先动作跳闸，电厂 N 侧就成为一个中性点不接地系统并带接地故障运行，从而会产生危险的弧光过电压，危及变压器安全。因此，若电厂 N 侧变压器中性点采取接地运行方式，则不会发生上述过电压危险。

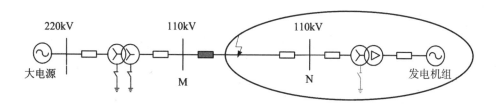

图 1-3　简单电力系统接线

　　同理，10 kV 地方电厂上网系统也存在此类情况，由于 10 kV 侧为不接地系统，故将与电厂上网线路接于同一 10 kV 母线的 110 kV 主变中性点接地。

　　执行涉及电厂并网线路变更的转电方式单（见图 1-4）时，注意查看线路对应主变中性点地刀状态是否需要改变。目前配网调管的电厂有 YH 沼气电厂、HHL 沼气电厂，其并网线路分别为 XY 站 110 kV F03 电厂发电线（与 DJ 站 F02 杜罗线联络）、HR 站 110 kV F20 浩填线（与 HR 站 F09 浩龙线联络）。

此转供电方式调整单中，YH 电厂并网线路由 DJ 站 F02 切换至 XY 站 F03，方式要求退出 DJ 站 #2 主变中性点地刀，而由于 XY 站 #1 主变已加装中性点间隙保护，无须合上 XY 站 #1 主变中性点地刀。反过来时，则需注意要合上相应主变（即 DJ 站 #2 主变）中性点地刀。（中性点间隙保护装置可以在变压器中性点不接地运行方式下，避免变压器中性点因受到雷电冲击和故障引起电压升高、变压器绝缘损坏等问题，起到保护变压器的作用。）

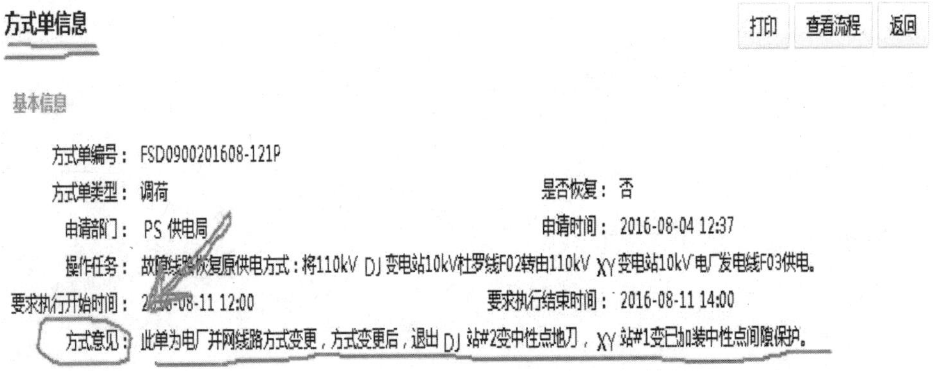

方式单信息   打印 查看流程 返回

基本信息

方式单编号：FSD0900201608-121P

方式单类型：调荷   是否恢复：否

申请部门：PS 供电局   申请时间：2016-08-04 12:37

操作任务：故障线路恢复原供电方式：将 110 kV DJ 变电站 10kV 杜罗线 F02 转由 110 kV XY 变电站 10kV 电厂发电线 F03 供电。

要求执行开始时间：2016-08-11 12:00   要求执行结束时间：2016-08-11 14:00

方式意见：此单为电厂并网线路方式变更，方式变更后，退出 DJ 站 #2 变中性点地刀，XY 站 #1 变已加装中性点间隙保护。

图 1-4　电厂并网线路转供电的方式调整单

（5）有特殊要求的 110 kV 变压器（如未经绝缘加固的芬兰 ABB KTRT123×50 型号变压器），中性点直接接地。20 世纪 90 年代，深圳供电局进口芬兰 ABB 公司生产的 110 kV 变压器共 41 台，型号为 KTRT123×50，投运至今共有 8 台在运行中发生事故，其中 4 台为调压线圈出线头短路、线圈倒塌，2 台匝间短路，1 台饼间短路，1 台为中性点套管爆炸，特别是 2005 年就有 5 台该型变压器发生事故。通过对多台变压器事故后的吊检发现，这批变压器线圈电磁线受腐蚀严重，特别是故障线圈的绝缘纸与铜线裹缠的一侧中，发现有金属化合物。通过大量的电气试验和化学分析，证实该化合物为硫化亚铜（Cu_2S），而导致这种腐蚀现象的原因为绝缘油中存在腐蚀性硫，腐蚀性硫在变压器运行中与铜导线发生反应，在导线表面产生硫化亚铜并析出，由于硫化亚铜的导电特性，该物质对导线绝缘纸进行渗透、污染并使导线绝缘强度逐渐减弱，最终导致变压器匝绝缘击穿，变压器线圈烧毁。

鉴于以上原因，深圳供电局陆续对存在绝缘薄弱情况的芬兰 ABB KTRT123×50 型变压器安排返厂加固绝缘。

2. 20 kV、10 kV 不接地系统简介

随着电力系统的发展，中性点不接地系统对地电容电流不断增大，单相接地时的故障电流随线路长度而增加，随额定电压的提高而增大，这使电弧接地故障难以自动消除，而间歇电弧接地会在系统中引起危险的过电压，导致健全相绝缘损坏，继而发展为两相短路事故。为解决此类问题，德国和美国分别采取两种不同的方法解决这个问题。德国使用谐振接地方式，即在系统中性点接入电抗器，称为接地故障消除器或者消弧线圈，它的作用是由电抗器产生的电感性电流补偿故障处线路对地产生的电容性电流，电弧便容易自动熄灭。而美国的电力系统大多采用中性点直接接地或经过低值电阻器接地的方式，发生接地故障时继电保护装置动作，断路器快速切除故障。

深圳电网结合 20 kV、10 kV 馈线类型，采取对架空线路集中的 10kV 母线装设消弧线圈、对电缆线路集中的 10 kV 母线装设接地变的

方式。

（1）采用中性点经消弧线圈接地方式。

在发生单相接地故障时，消弧线圈的电感电流有效地补偿电网的对地电容电流，减小故障点残流，也使得故障相接地电弧两端的电压恢复速度降低，熄灭电弧。

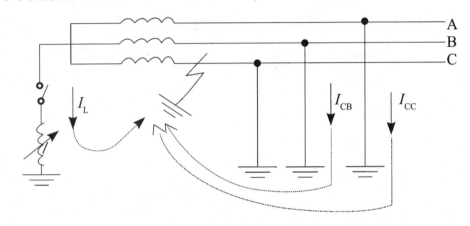

图 1-5　消弧线圈工作原理图

如图 1-5 所示，若在正常情况下，三相电压是基本平衡的。由于各种原因，系统发生单相（例如 C 相）接地故障，破坏了原有的对称平衡，系统将产生接地电容电流 I_{CB}、I_{CC}，消弧线圈在当时系统中性点相电压的作用下，将产生电感电流 I_L，它们各自的流动方向如图所示，起到相互抵消的作用。

（2）采用中性点经低值电阻接地方式（接地变）。

接地变压器一般采用曲折型（Z 型）连接（见图 1-6a），其作用是在系统为△型接线或 Y 型接线中性点无法引出时，人为制造了一个中性点接地电阻。接地变的电磁特性对正序、负序电流呈高阻抗，对零序电流呈现低阻抗，当中性点经小电阻接地电网发生单相接地故障时，高灵敏度的零序保护判断并短时切除故障线路。接地变一般只提供中性点接地小电阻，二次不需带负载，在电网正常运行时，接地变相当于空载状态。

接地变压器采用 Z 型接线（或者称曲折型接线），其降低零序阻抗的原理是，在接地变压器三相铁芯的每一相都有两个匝数相同的绕组，分别接不同的相电压。当接地变压器线端加入三相正、负序电压时，接地变压器每一铁芯柱上产生的磁势是两相绕组磁势的向量和。三个铁芯柱上的合成磁势相差 120°，是一组三相平衡量（图 1-6b）。三相磁通可在三个铁芯柱上互相形成磁通路，磁阻小、磁通量大、感应电势大，呈现很大的励磁阻抗。当接地变压器三相线端加入零序电压时，在每个铁芯柱上的两个绕组产生的磁势大小相等，方向相反，合成的磁势为零，三相铁芯柱上没有零序磁通。零序磁通只能通过外壳和周围介质形成闭合回路，磁阻很大，零序磁通很小，所以零序阻抗也很小。

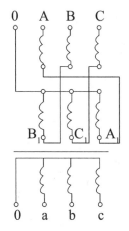

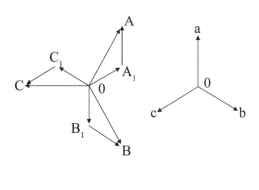

图 1-6a 接地变压器 Z 型接线图　　图 1-6b 接线变压器 Z 型向量图（ZNyn11）

1.2　深圳电网 110 kV 主变运行规范

截至 2016 年 12 月，深圳电网 110 kV 主变共计 513 台，主变额定容量以 50 MVA、63 MVA 为主，也有少量 31.5 MVA 的主变。主变类型为 110 kV/10 kV 两绕组（除 KC 站两台主变是 110 kV/35 kV/10 kV 三绕组变压器外），均为有载调压型。

1.2.1　主变操作原则

1. 主变操作原则规定

（1）变压器并联运行的条件：

①电压比相同；

②阻抗电压相同；

③接线组别相同。

（2）电压比和阻抗电压不同的变压器，必须经过核算，在任一台都不过负荷的情况下才可以并列运行。

（3）变压器并列或解列前应检查负荷分配情况，确认解、并列任一台变压器都不会过负荷。

（4）新投运或大修后的变压器应进行核相，确认无误后方可并列运行。

（5）变压器停送电操作：

①停电操作，一般应先停低压侧、再停中压侧、最后停高压侧（升压变压器和并列运行的变压器停电时可根据实际情况调整顺序）；操作过程中可以先将各侧断路器操作到断开位置，再逐一按照由低到高

的顺序操作隔离开关到断开位置（隔离开关的操作须按照先拉变压器侧隔离开关，再拉母线侧隔离开关的顺序进行）；

②强油循环变压器投运前，应按说明书和保护的要求投入冷却装置；

③无载调压的变压器分接开关更换分接头后，必须先测量三相直流电阻，合格后方能恢复送电；

④切换变压器时，应确认并入的变压器带上负荷后才可以停止待停的变压器。

（6）变压器中性点接地开关操作：

①在 110 kV 及以上中性点直接接地系统中，变压器停、送电及经变压器向母线充电时，在操作前必须将中性点接地开关合上，操作完毕后按系统方式要求决定是否拉开；

②并列运行中的变压器中性点接地开关需从一台倒换至另一台运行变压器时，应先合上另一台变压器的中性点接地开关，再拉开原来的中性点接地开关；

③如变压器中性点带消弧线圈运行，当变压器停电时，应先拉开中性点隔离开关，再进行变压器操作，送电顺序与此相反；禁止变压器带中性点隔离开关送电或先停变压器后拉开中性点隔离开关。

（7）变压器有载调压分接开关操作：

①禁止在变压器生产厂家规定的负荷和电压水平以上进行主变压器分接头调整操作；

②并列运行的变压器，其调压操作应轮流逐级或同步进行，不得在单台变压器上连续进行两个及以上的分接头变换操作；

③多台并列运行的变压器，在升压操作时，应先操作负载电流相对较小的一台，再操作负载电流较大的一台，以防止环流过大；降压操作时，顺序相反。

（8）两台及以上变压器并列运行，若其中某台变压器需停电，在拉开该变压器断路器之前，应检查总负荷情况，确保一台停电后不会导致运行变压器过负荷。

2. 禁止 BR 站等 140 座 110 kV 变电站主变长期并列运行

为确保深圳电网安全稳定运行，系统运行部分析了深圳电网 172 座 110 kV 变电站主变并列运行 10 kV 母线短路电流水平，分析如下：

分析对象：

对于 220 kV 变压器，电力调度规程已明确要求主变变低侧 10 kV 母线在进行转电操作时只允许短时间并列运行，不允许长时间并列运行，因此本报告不对 220 kV 变电站进行分析，仅对深圳电网 172 座 110 kV 变电站进行 10 kV 母线并列运行短路电流校核。

计算条件：

（1）《南方电网安全稳定计算分析导则》；

（2）电力系统计算工具（BPA）；

（3）BPA 数据采用南网总调发布的 2014 年夏季大数据；

（4）110 kV 双绕组主变短路电压百分比采用典型参数，统一取 16%，同时考虑到线路阻抗远小于主变阻抗，在不影响计算精度并保留一定的安全裕度的情况下，计算分析时忽略 110 kV 线路参数；

（5）校核变电站 10 kV 开断短路电流时取站内所有 10 kV 断路器最小额定开断短路电流值（数据来源于变电站生产管理系统）。

校核结果：

分析表明，影响 110 kV 变电站主变并列运行 10 kV 母线短路电流大小的因素主要有 3 个：①所供 220 kV 变电站的主变并列方式；②所属片网与主网及电源点的电气距离；③ 110 kV 变电站的主变容量。总结如下：

（1）FJ 站、XS 站、MA 站、LL 站、TF 站、YX 站 6 座 220 kV 变电站均为 4 台变并列运行，其所供的 35 座 110kV 变电站主变并列运行 10kV 母线短路电流均超标。

（2）220 kV PGS 站 220 kV 出线较多，处于东部电网的枢纽中心，靠近主网及电源点，其所供的 5 座 110 kV 变电站主变并列运行 10 kV 母线短路电流均超标。

（3）除上述（1）、（2）的 7 个片网所供的 110 kV 变电站主变并列运行 10 kV 母线短路电流均超标外，大部分片网 110 kV 变电站短路电流超标与否主要取决于 110 kV 变电站配置的主变容量。如 JH 站片网所供 110 kV 变电站共 4 座，配置 63 MVA 主变的 YF 站、YC 站 2 座变电站并列运行 10 kV 母线短路电流超标，而配置 50 MVA 主变的 DL 站、YS 站 2 座变电站未超标。

（4）主变容量对并列运行 10 kV 母线短路电流的灵敏度较大。SZ 站电网配置 63MVA 主变的 110 kV 变电站共 61 座，其中 56 座变电站并列运行 10 kV 母线短路电流均超标，仅 220 kV QSH 站 #1、#2 变所供的 BGL 站、BJ 站及 220 kV ZH 站 #1、#2 变所供的 SG 站、HQ 站、YT 站共 5 座变电站未超标，主要原因为 QSH、ZH 站 2 座 220 kV 变电站主变"2+1"分列运行，并且所属的深圳片区电源点较少，离主网的电气距离较远。

（5）结论：

深圳电网共有 82 座 110 kV 变电站 10 kV 母线并列运行时短路电流超标，该 82 座 110 kV 变电站严禁长期并列运行；其余 90 座变电站需视分段开关、接地变等实际运行情况安排并列运行（表 1-1）。

详细分析校核结果列举如下：

表 1-1　深圳电网 110 kV 变电站并列运行 10 kV 母线短路电流核算表

序号	所属片网	名称	变高容量（MVA）	系统短路电流（kA）	单台变等效阻抗（标幺值PΩ）	两台变等效阻抗（标幺值PΩ）	单台变短路电流(kA)	两台变短路电流(kA)	最小额定开断短路电流（kA）	是否可长期并列
1	BY	LDW	50	12.269	0.334	0.187	16.48	29.36	31.50	
2	BY	BR	63	12.269	0.273	0.157	20.13	35.01	31.50	否
3	BH	XH	50	12.254	0.334	0.187	16.48	29.36	31.50	
4	BH	YY	50	12.254	0.334	0.187	16.48	29.36	31.50	
5	CY	DT	50	15.929	0.324	0.178	16.96	30.92	31.00	
6	CY	SJ	50	15.929	0.324	0.178	16.96	30.92	31.50	
7	CY	WA	50	15.929	0.324	0.178	16.96	30.92	31.50	
8	DS	PD	50	13.169	0.331	0.185	16.62	29.81	31.50	
9	DS	XS	63	13.169	0.270	0.154	20.33	35.64	31.50	否
10	DH	HBL	50	12.150	0.334	0.188	16.46	29.30	25.00	否
11	DH	LT	50	12.150	0.334	0.188	16.46	29.30	31.50	
12	DH	LC	50	12.150	0.334	0.188	16.46	29.30	31.50	
13	…	…								
14	…	…								
…	…	…								

结果表明，BR 站等 140 座 110 kV 变电站主变并列运行 10 kV 母线短路电流超标，该 140 座变电站禁止长期并列运行；其余 32 座

110 kV 变电站按照 2014 年 5 月 12 日深圳供电局《安全生产周例会纪要》的要求（即针对电网中采用主变并列运行方式临时解决主变重过载的情况，系统运行部严格执行有关规定，正常运行方式下，不采用主变并列运行方式。直属各供电局认真做好电网规划，合理控制负荷报装，避免出现主变重过载情况，如因避免错峰等原因需采用主变并列运行的，可向系统运行部提出书面申请，由公司分管领导审批），正常方式下不采用主变并列运行方式。

1.2.2　主变信号分析处理

经统计归纳，深圳电网 110 kV 上送至调度端的信号约 30 个，按照影响大小、信号类型和产生原因，初步分成如下几种：

1. 主变本体故障类信号

本体重瓦斯保护动作、差动保护动作，这些属于主变最敏感的信号，一旦出现说明主变内部很可能出现了异常或故障，会造成主变跳闸，并且短时间内基本无法将主变复电。差动保护信号也可能意味着差动保护使用的 CT 至主变本体间故障，需结合其他信号综合判定。此时当值调度需关注其余正常运行主变的负载情况，注意监视负荷情况，根据实际情况组织转供电，必要情况下需按事故限电要求控制负荷。

信号处置说明：

（1）本体重瓦斯保护动作：属于变压器主保护和非电量保护。主变内发生严重短路，电弧产生强烈瓦斯气体，冲击变压器油，使本体重瓦斯保护动作，变压器直接两侧开关跳闸。

（2）差动保护动作：变压器主保护，跳开两侧开关。这两个信号出现、主变跳闸后，经检查 10 kV 母线及线路无异常，应将负荷转到其他运行主变供。

2. 主变本体异常类信号

本体轻瓦斯保护动作＋油位低、主变压力释放告警、主变过温跳闸保护告警、主变温度高报警、主变冷却器故障、主变油位异常告警、主变油温线温异常、主变过负荷、主变间隔 SF6 压力低报警、主变间隔 SF6 压力低闭锁分合闸。此类信号表示主变内部出现异常，且异常未发展到引起主变跳闸的程度，当值调度监视到信号后需立即通知变电巡维人员到现场，检查主变一次二次设备情况，核实信号准确性，查找信号产生原因，确定进一步处置方法。当值调度需提前做好事故预想，思考主变无法继续运行时需要采取的应对措施和解决办法。

信号处置说明：

（1）本体轻瓦斯保护动作＋油位低：故障轻微。瓦斯继电器瓦斯气体少，油位下降，只发信号不跳闸，若故障继续发展则可能引起重瓦斯跳主变。要根据变电检修、运行专业意见，确定主变是否继续投运。

（2）主变压力释放：主变内部发热，释放出气体进入瓦斯继电器，一般伴随瓦斯保护动作信号。

（3）主变间隔 SF6 压力低：主变气室 SF6 泄露至压力不足，严重者可能闭锁开关分合闸，应根据变电检修、运行的专业意见，确定解决办法，带电补气或主变停运。

（4）主变油温、线温异常：因主变负载重、主变内部有故障、主变冷却器故障等引起温度升高。油温是测主变上层油温度，线温是测绕组温度，一般来说线温要比油温高，出现此信号时，需结合实际情况降低主变负载，若温度持续上升，则考虑将主变停运；若温度平稳或下降，则注意将主变保持在负载较低的水平上运行。

（5）冷却器故障：主变冷却器风机故障停运，一般来说单台风机停运，主变仍可保持正常运行，若主变冷却器故障影响到主变正常运行，则需注意控制主变负荷，甚至将主变停运。110 kV 主变冷却器全停是不会直接跳主变的。

3. 主变调压机构异常类信号

主变调压故障、有载重瓦斯保护动作，此类信号表示主变调压机构出现异常或故障，主变无法正常进行有载调压，严重时引起主变两侧开关跳闸。出现此类信号需及时通知主网调度，严禁操作主变抽头调压，直至现场处理正常。

信号处置说明：

（1）有载重瓦斯保护动作：有载重瓦斯保护原理和本体重瓦斯一样，只不过有载重瓦斯是反应有载分接开关油箱内部故障。

4. 主变后备保护类信号

主变复压动作、主变后备保护动作，此类信号伴随主变后备保护启动而产生，在主变瓦斯及差动保护正常投入的情况下，一般反应10kV 母线及线路等后备保护范围内的故障，信号出现时主变变低开关或变高开关会跳闸，调规规定，若经现场检查变压器外部无异常，可试送电。

信号处置说明：

（1）主变复压动作是复合电压闭锁过流保护的信号，一般取负序电压，一旦电流满足条件，则保护动作出口跳主变开关。某些10kV线路单相接地也会触发该信号，但会瞬间自动复归。

（2）主变后备保护动作：后备保护跳主变开关，实际工作时经现场检查变压器外部无异常，可结合检查10kV线路开关或保护拒动情况，试送主变。

5. 主变保护、测控等装置故障及通信中断类信号

主变保护、测控等装置故障及通信中断类信号有：主变保护装置故障、主变本体测控通信中断、主变本体测控装置故障、主变控制回路断线、主变保护装置异常、主变非电量装置闭锁、主变非电量装置告警、主变后备装置闭锁、主变后备装置告警等。

1.2.3　主变事故处理指引

变压器跳闸导致其他变压器过载，值班调度员应立即通知运行值班员，与其确认设备允许的过载能力，并迅速采取措施，按如下方式处理：

（1）按现场规定过负荷运行，但应设法在规定时间内降低负荷；

（2）投入备用变压器；

（3）调整潮流或转移负荷；

（4）按事故限电要求限制负荷。

变压器故障跳闸后，应根据继电保护动作情况及外部现象判断故障原因，并进行处理：

（1）变压器的差动和瓦斯保护同时动作时，在查明原因并消除故

障之前，不得送电。

（2）变压器差动与重瓦斯保护其中之一动作时，在对保护范围内设备进行外部检查无明显故障、检查瓦斯继电器气体颜色和可燃性证明变压器内部无明显故障时，可用发电机对变压器零起升压，若升压无异常，可将变压器恢复运行。若无条件用发电机对变压器零起升压，则应取油样及气样进行分析检查，证实变压器内部无故障后，经设备维护部门主管领导同意，方可试送电。

（3）变压器后备保护动作，经检查变压器外部无异常，可以试送电。

（4）如因其他设备故障，保护越级动作引起变压器跳闸，故障消除后，将变压器恢复运行。若保护属于不正确动作，应退出该保护，再恢复变压器运行。

（5）若由于人员过失，造成变压器跳闸，经值班调度员许可后将该变压器恢复运行。

（6）当变压器跳闸原因确实无法查明时，经检查变压器本体及故障录波情况，证明变压器内部无明显故障，经设备运行维护部门主管领导同意，可以试送电。

（7）变压器轻瓦斯保护信号动作时，应查明信号动作原因，如瓦斯继电器内的气体是无色无臭而不可燃的，色谱分析判断为空气，则变压器可继续运行。

（8）变压器跳闸后，值班调度员应注意中性点接地方式变化对系统运行的影响。

（9）有备用变压器或备用电源自动投入的变压器，当运行的变压器跳闸时应先投入备用变压器或备用电源，然后检查跳闸的变压器。

1.3 深圳配电网事故案例分析

通过整理研究近年来数起典型的 110 kV 主变跳闸事故，总结其经验教训和处理流程，为调度员处理事故提供指引，以便处理类似故障时调度员能迅速作出判断和制定处置方案。

110 kV 主变跳闸事故一般处理流程：

（1）第一时间通知中心站派人检查，将故障信息电话通知相应区局、客服中心、总值班室。

（2）向总值班室、客服中心、市场营销部报送《重大事项报告书》。

（3）让区局核实重要用户受影响情况及其社会影响，尽快组织受影响线路转供电，及时短信通知相关部门人员。

（4）在 OPEN3000 中进入该变电站 110 kV 主界面，检查对应 380AC 电压是否正常，如不正常，则 380 V 备自投不成功，通信、自动化设备供电可能受影响，应通知通信值班及自动化值班；通知变电到站后检查 380V 系统情况，如果没有异常，下令其手动切换对应 380V 母线供电方式，恢复对应 380 V 母线供电。

（5）根据变电现场检查结果，具体情况具体分析，进行后续事故处理。

1.3.1 历史典型案例

案例一：2016 年 9 月 12 日 110 kV YL 站 #1 主变变低 501 开关跳闸事件

事件前：

110 kV YL 站 #1 主变带 10 kV 1M 运行，10 kV 分段 521 开关在分

闸位置。YL 站接线方式见图 1-7。

事件后：

110 kV YL站 #1主变变低501开关事故分闸，10 kV 1M失压，10 kV 1M上13条馈线（其中1条空载）停电，约41.7 MW，影响用户1104户，无重要用户受影响。

处理过程：

➢ 09：32，YL站#1主变变低501开关跳闸，10 kV 1M停电，已通知GM中心站、BA局、客服和总值班室。#1主变变高1101开关处于合闸状态。

➢ 09：42，受影响的 13 条馈线中，其中 F11 为空载，三条专线 F13、F23、F25 为单辐射线路，无重要用户。

➢ 09：50，断开 YL 站 10 kV 1M 上所有馈线出线开关、#1 站用变变高 ST1 开关、#1 接地变 D01 开关。

➢ 09：51，YL 站"站用电源异常"信号，SCADA 显示 YL 站 380V 1M、2M 电压无异常，待现场到站后检查 #1 站用变变低备自投动作情况。

➢ 10：08，YL 站到站，现场初步怀疑是 5011 刀闸小车有问题，需现场检查进一步确认。

➢ 10：13，通知 SG 所安排人员到现场准备转电。

➢ 10：30，YL 站报：#1 主变后备保护过流 I 段、II 段保护动作，故障相 ABC 相，5011 刀闸小车有烧黑迹象，10 kV 1M 馈线无保护动作信号，10 kV 1M 短时无法送电，380V 负荷已自动切换。已通知 BA 局进行转供电，其中有 3 条用户专线（F13、F23、F25）为单辐射线路，无法转供电。

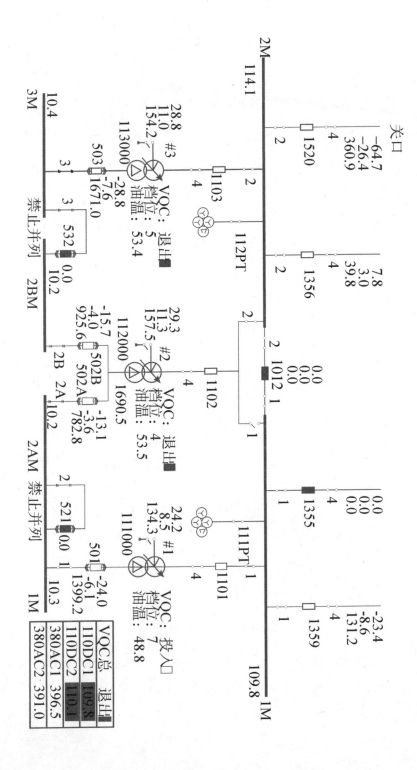

图 1-7　YL 站接线方式

➢ 11：12—14：15，组织 SG 所进行转供电。

➢ 12：39，YL 站 #1 主变变高 1101 开关由运行转冷备用，#1 主变变低 501 开关由热备用转检修，10kV 1M 由热备用转检修。

➢ 12：39—12：49，YL 站正大二线 F03 由运行转为冷备用（站外第一级环网柜进行紧急缺陷处理）。

➢ 13：06，YL 站 #1 主变由冷备用转检修。

➢ 14：29，YL 站报：YL 站 L03 容流约 48A，在正常范围内。

➢ 14：45，截至目前，YL 站 10kV 1M 上全部 13 条馈线（其中 1 条空载），已转供电 8 条；剩下 3 条用户专线单辐射无法转电；F03 站外环网柜有缺陷，正在处理，未转电。变电报 5011 刀闸小车备品傍晚到货，预计恢复时间未定。

➢ 15：12，YL 站处理 5011 故障，需将临近的 F01、F03、F05、F07、F09 线路转检修。

➢ 15：13，查明故障原因：5011 触头发热烧坏。

➢ 15：25—15：45，（BA 局 SG 所）执行方式单（YL 站 F03 正大二线转 SB 站 F25 燕川线供）。

➢ 15：28，YL 站 F03：正大二线 #1 环网柜故障（第一级环网柜），需更换处理。

➢ 15：34，YL 站 F01、F05、F07、F09 线路由冷备用转检修（F03 处理站外缺陷时已转检修）。

➢ 次日 04：35—06：20，#1 主变由检修转运行、#1 主变变高 1101 开关由冷备用转运行、#1 主变变低 501 开关由检修转运行，10 kV 1M 由检修转运行，F01、F05、F07、F09 由检修转运行，F11、

F13、F15、F17、F19、F21、F23、F25 由冷备用转运行，除 F03（站外有故障点）保持在检修状态，其余所有馈线（共 12 条）恢复送电。

➤ 06：22，10 kV 532 备自投已恢复。

故障情况说明：

110kV YL 站 10 kV 5011 刀闸发生三相短路故障。

保护动作：

110 kV YL 站 #1 主变变低 5011 刀闸小车靠母线侧发生三相短路故障，故障电流 12.96 kA，#1 主变低后备过流 I 段保护 910 ms 动作、过流 II 段保护 900 ms 动作跳开 #1 主变变低 501 开关，并闭锁 10 kV 备自投装置。

案例二：2016 年 9 月 6 日 110 kV YL 站 #3 主变跳闸事件

事件前：

110 kV YL 站 110 kV 母线分列运行，3 台主变供全站负荷，当日站内无检修工作。YL 站接线方式见图 1-8。

事件后：

110 kV YL 站 10 kV 3M 失压。共计 13 条回馈线受影响，损失负荷 40MW，影响用户 99 户，无重要用户。

处理过程：

➤ 14：20， 110 kV YL 站 #3 主变双侧开关跳闸，备自投动作合上 10 kV 分段 532 开关。

➤ 14：22，YL 站 10 kV #2 接地变 D02 高压侧零序 II 段、低压侧零序 II 段动作跳开 532 开关，YL 站 10 kV 3M 停电。

➤ 14：25，当值迅速通知变电到站查看，并查看日志联系区局确

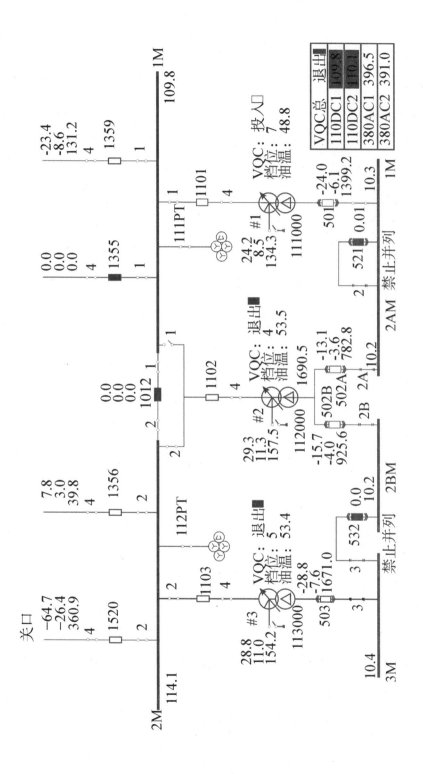

图 1-8　YL 站接线方式

认该日 YL 站无站内外工作。等待变电到站期间，当值通过跳闸动作信号及保护信号分析讨论故障原因，做好故障处理准备。

➢ 事故猜想：排除保护误动的情况下，#3 主变母差保护动作，可以确定故障在主变差动保护范围内，随后 D02 跳开 532 开关，说明在 503 开关至 10 kV 3M 上也存在故障。可能事故原因：#3 主变差动范围内和 503 开关至 10 kV 3M 上都存在故障；#3 主变差动范围内的故障影响到了 10kV 部分的设备（爆炸，起火，碎片等），导致备自投成功后又跳闸；两者公共的部分，既在 #3 主变差动范围内又与 10 kV 3M 连接的部分，也就是 503 开关至差动 CT 之间存在故障。

➢ 15：20，运行人员到达 YL 站进行检查。

➢ 15：52，现场初步检查，故障位于 503 开关处，现场闻到焦味，10kV 3M 馈线无异常信号。

➢ 15：54，通知 BA 局 SG 所组织站外转电。

➢ 16：41，YL 站报：主变跳闸前有消弧装置接地信号，怀疑站外故障产生过电压使 503 开关故障，建议区局站外查找故障。当值通知 SG 所转电前应确认线路无故障再进行转电。

➢ 17：24，YL 站报 10 kV 3M 具备送电条件。

➢ 17：57，YL 站 10 kV 分段 532 开关转运行，10 kV 3M 恢复送电。

➢ 18：40，YL 站 F41、F47、F59 站外完成转电。F55 站外检查设备绝缘异常，正在进一步处理。

➢ 18：45，YL 站 #3 主变、#3 主变变低 503 开关转检修。

➢ 21：57，YL 站三条空载线路 F43、F49、F53 已恢复送电；F45、F57、F61（F51、F63、F65 为用户专线）因重载送电会造成主变过载未送电。

➤9月7日06：30，110 kV YL 站 #3 主变恢复送电，10 kV 3M 恢复供电。

转电及故障情况说明：

110 kV YL 站 10 kV 3M 失压共计影响 13 条馈线，其中有站外联络线路 4 条：F41、F47、F55、F59；空载线路 3 条：F43、F49、F53；单线供电线路 3 条：F51、F63、F65（均为用户专线）；本站互相联络线路 3 条：F45、F47、F57。

➤9月6日18：40，YL 站 F41、F47、F59 站外完成转电，F55 站外设备故障，由 BA 局查线处理。

➤9月7日06：30，YL 站通过将 10 kV 分段，521 开关整体拆至受损的 #3 主变变低，503 开关恢复 #3 主变供电，10 kV 3M 恢复供电。

➤9月7日11：33，站外检查到 F55 编号为 06230303932 的变压器（用户设备）故障，并进行隔离，将其他部分恢复送电。

保护动作情况分析：

事件经过：

2016 年 9 月 6 日 14 时 20 分 44 秒，110 kV YL 站 #3 主变变低 503 开关小车发生短路故障，主变差动保护跳开两侧开关，10kV 备自投动作合上分段 532 开关，14 时 22 分 40 秒 #2 接地变保护动作跳开分段 532 开关，保护动作时序图如图 1-9 所示。

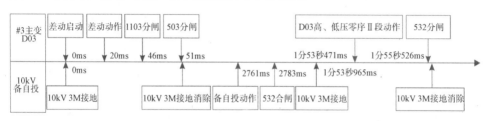

图 1-9　保护动作时序图

二次动作情况:

一次故障电流 1.65 kA,主变比率差动保护 20 ms 动作跳开主变两侧开关;10 kV 备自投装置 2761ms 动作,跟跳变低 503 开关,合分段 532 开关;10kV #2 接地变 D02 高压零序 Ⅱ 段、低压零序 Ⅱ 段 2300 ms 动作跳开分段 532 开关,故障零序电流 282A。

分析结论:

由于#3 主变变低 503 开关小车本体故障点在主变差动保护范围之内,故主变差动保护正确动作跳闸,但故障点与 10 kV 3M 存在电气连接(图1-10)。从保护启动情况分析,10 kV 备自投合上分段 532 开关后短时无故障,约1分55秒后接地故障发生,接地变保护动作跳开分段 532 开关,隔离变低 3M 母线。以上保护动作及定值整定计算均正确。

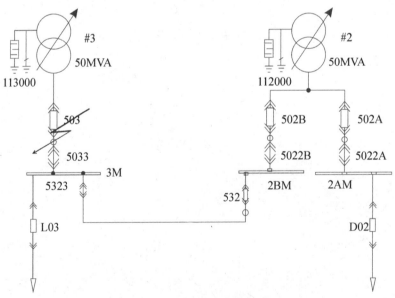

图 1-10 跳闸主变故障点

案例三：2016 年 2 月 1 日 110 kV FH 站三台主变双侧开关跳闸事件

事件前：

110 kV FH 站 110 kV 母线并列运行，#1 主变带 10 kV 1M 运行，#2 主变带 10 kV 2AM、2BM 运行，#3 主变带 10 kV 3M 运行，#4 主变带 10 kV 4M 运行，10 kV 分段 541 开关、521 开关、532 开关在分闸状态（图 1-11）。

事件后：

#1 主变、#2 主变、#3 主变双侧开关跳闸，10 kV 1M、2AM、2BM、3M 失压，10 kV 备自投未动作。FH 站全站站用电失压，共有 10 kV 馈线 35 回受事件影响停电，损失负荷 28.9MW，无重要用户受影响。

处理过程：

➤ 21：08，110 kV FH 站 #1、#2、#3 主变双侧开关跳闸，110 kV FH 站 10 kV 1M、2AM、2BM、3M 失压。当值切开 10 kV 1M、2AM、2BM、3M 上所有 Fe 开关。

➤ 21：53，现场检查 10 kV 1M 设备无异常，通过 10 kV 分段 541 开关恢复 10 kV 1M 送电，恢复 #1 站用变负荷，10 kV 1M Fe 恢复送电。

➤ 22：23，现场检查 #1 主变、#2 主变、#3 主变一次设备无异常，#3 主变恢复运行，10 kV 3M 恢复送电。

➤ 22：24，#1 主变恢复运行，10 kV 1M 恢复由 #1 主变供电。

➤ 22：30，10 kV 3M Fe 全部恢复送电。

➤ 22：44，#2 主变恢复送电，10 kV 2M 恢复送电。

➤ 22：48，10 kV 2M Fe 全部恢复送电。

故障情况说明：

现场检查 #1 主变、#2 主变、#3 主变一次设备无异常。

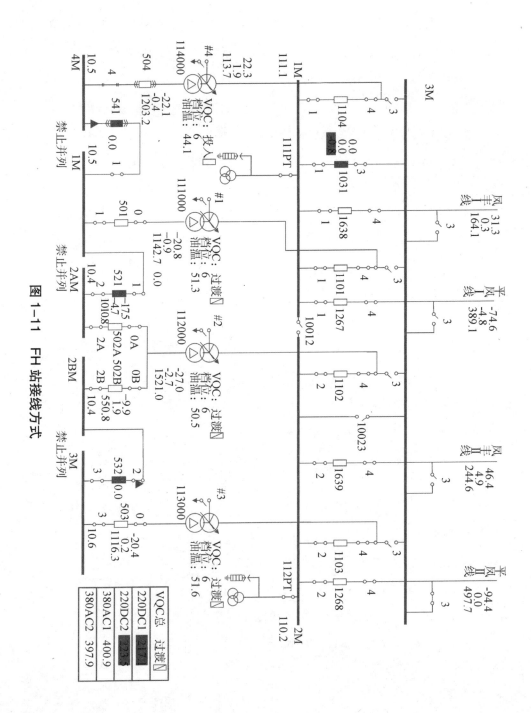

图 1-11　FH 站接线方式

保护动作：

110 kV FH 站 #1、#2、#3 主变电气量及非电气量保护均未动作。初步推测本次 3 台主变同时跳闸为 #2 逆变模块故障，将交流短时窜入直流系统造成继电器异常动作跳闸。具体情况如下：UPS #2 逆变模块故障造成交流短时窜入直流 #1 母线，造成 #1、#2、#3 主变非电量中间继电器，110 kV 平凤Ⅰ、Ⅱ线，110 kV 凤丰Ⅱ线，110 kV 旁路 1031 开关 SF6 监视继电器及 10 kV 521、532 合闸线圈异常动作，分别跳开对应开关、并发出异常信号。

采取措施：

（1）将 #1、#2、#3 主变非电量保护插件更换为大功率插件；

（2）重新分配直流母线负载，并将环网电源解环，减少直流母线异常造成的负荷损失；

（3）退出 #2 逆变模块，加强直流异常信号的日常巡视及监视工作；

（4）在直流 1M、2M 安装交流窜入监测装置，加强直流系统电压变化监测。

案例四：2015 年 3 月 23 日 110 kV FY 站 #1 主变双侧开关跳闸事件

事件前：

110 kV FY 站 #1 主变变高挂 110 kV 1M 运行，变低 501 开关供 10kV 1M 负荷，10 kV 分段 521、532 开关在分闸位置（见图 1-12）。

事件后：

FY 站 #1 主变双侧开关分闸，10 kV 备自投装置动作，合上 532 开关，但未合上 521 开关，10 kV 1M 失压。

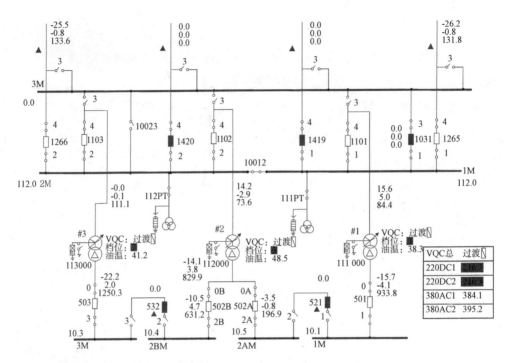

图 1-12　FY 站接线方式

处理过程：

➢07：18，FY 站 #1 主变双侧开关跳闸，10 kV 备自投动作合上 532 开关，521 开关未合闸，10 kV 1M 失压。

➢07：51，当值调度遥控断开 532 开关。

➢08：10，当值调度遥控断开 F01、F03、F07、F09、F13、F15、F17、F19、F21、F23、F25 开关（F11 为备用状态）。

➢08：11，现场报 #1 主变变高 1101 开关至 #1 主变之间有悬挂物。

➢08：57，FY 站 #1 主变变高 1101 开关、110 kV 旁路 1031 开关由热备用转冷备用。

➢09：18，FY 站 10 kV 分段 521 开关由热备用转运行，10 kV 1M

送电正常；

➤ 09：27，F01、F03、F07、F09、F13、F15、F17、F19、F21、F23、F25 由热备用转运行，受影响负荷全部恢复。

➤ 10：38，FY 站 #1 主变由热备用转检修。

➤ 10：47，FY 站 110 kV 1M 由运行转冷备用，现场准备取下 #1 主变变高悬挂物。

➤ 12：00，现场报 501 开关风机故障，需更换。

➤ 12：58，FY 站 110 kV 1M 由冷备用转运行，旁路 1031 开关由冷备用转热备用。

➤ 13：32，FY 站 #1 主变由检修转充电运行，变低 501 开关保持冷备用，现场更换 501 开关风机。

➤ 15：10，FY 站 #1 主变变低 501 开关由冷备用转运行，10 kV 母线恢复正常运行方式。

故障情况说明：

一次设备无故障，跳闸原因为 #1 主变变高 1101 开关至 #1 主变之间有悬挂物。

暴露问题：

因 10 kV 备自投装置合 521 开关的合闸端子中间连接片未紧固，导致 521 开关未合上。

采取措施：

对深圳电网范围内变电站 10kV 备自投装置合 521 开关、532 开关的合闸端子中间连接片进行全面检查，避免此类故障再次发生。

案例五：2014 年 8 月 29 日 220 kV FJ 站 503、504 开关事故分闸事件

事件前：

FJ 站在正常方式状态下运行，所有主变各带相对应的 10 kV 母线运行（图 1-13）。

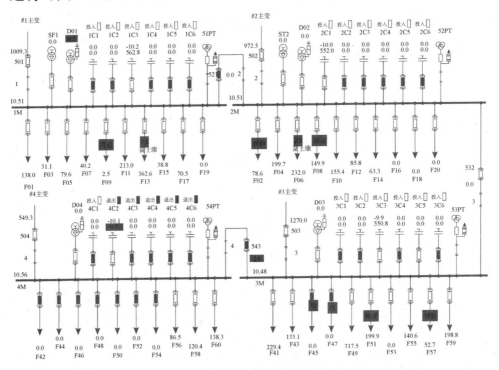

图 1-13　FJ 站接线方式

事件后：

8 月 29 日 21：16：28，FJ 站 #4 主变变低 504 开关事故分闸。

21：17：30，母联 543 开关合闸，备自投成功；

21：19：18，母联 543 开关事故分闸；21：20：29，#3 主变变低 503 开关事故分闸；

21：20：29，母联 532 开关合闸，备自投成功。10 kV 4M 失压，共影响 4 条 10 kV 线路，影响用户 50 户，均为工业用户，事发时天气状况良好。

事件发生：

2014 年 8 月 29 日 21 时 17 分 30 秒，220 kV FJ 站 10 kV 分段 543 开关柜内二次设备起火燃烧，二次电缆烧坏导致 504 分闸回路导通，跳开 504 开关，10 kV 4M 失压，10 kV 备自投动作合上 10 kV 分段 543 开关。因柜内燃烧持续发展，导致 10 kV 分段 543 开关、503 开关分闸回路导通，跳开相应开关；503 开关跳开后 10 kV 备自投动作合上 10 kV 分段 532 开关，10 kV 3M 恢复供电。开关跳闸时序图如图 1-14 所示。

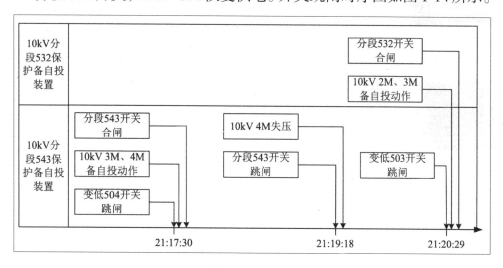

图 1-14　开关跳闸时序图

处理过程：

变电在接到当值调度通知后，第一时间赶到现场，经现场检查，初步原因为母联 543 开关二次设备着火，并波及 53PT 负荷侧回路也被烧坏，现 10 kV 3M 电压显示为零，且二次负荷不能转由 52PT 供，母联 543 开关静触头 B 相靠 10 kV 3M 侧有损伤，需 10 kV 3M 转检修处理。

➤8 月 30 日 01：52，FJ 站 10 kV 3M 由运行用转检修。

➤8 月 30 日 01：42，通知区局对 10 kV 3M 进行站外转电。由于 FJ 站 F59 转电至 TT 站 F4 后，TT 站 F4 线路负荷高峰期会过载，TT 站 #2 主变也会过载，已通知相关单位，做好负荷控制。

➤8 月 30 日 02：20，FJ 站 10 kV 3M 全部负荷转电。

➤8 月 30 日 03：25， 504 开关复电，10 kV 4M 及所供负荷复电。

➤8 月 30 日 05：25， 10 kV 3M 及所供负荷复电。

➤8 月 30 日 08：32，所有转供电 10 kV 线路恢复正常方式运行（除 F59 二次电缆受分段 543 开关二次设备着火影响受损，短时无法恢复）。

➤9 月 1 日 03：20，FJ 站 F59 二次部分处理完毕，恢复送电。

➤9 月 1 日 07：41，FJ 站 F59 恢复原方式运行。

原因分析：

通过分析主变保护、故障录波器、后台及 OPEN-3000 的 SOE，可判断一次设备无故障，503、504、543 开关跳闸的原因均为二次跳闸线圈烧熔短接，532、543 开关合闸的原因为备自投动作。

故障录波中电流波形未有畸变，543 开关柜现场端子接线完好，可排除 CT 二次开路原因；FJ 站 543 开关柜保护小室着火前温湿度控制器电源已打下，可排除温湿度控制器的原因；初步判断 10 kV 分段 543 开关柜二次设备起火可能原因有：柜内交直流空气开关过热起火、带电显示器发生短路（见图 1-15）。

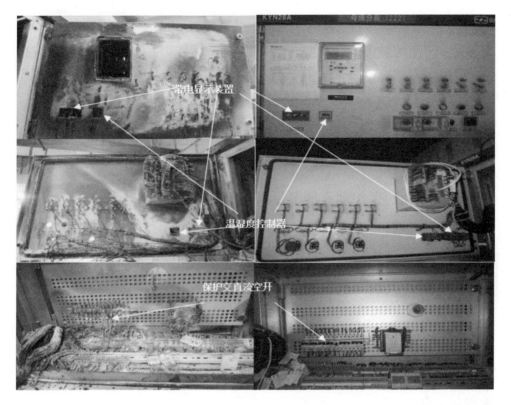

图 1-15 开关柜二次设备起火烧毁后与烧毁前对比图

事故反思:

(1)事件发生时,#4 主变只跳开变低 504 开关且 543 备自投成功,SCADA 无保护动作信号,这种不符合常理的动作,当值调度无法判断。紧接着,543 开关跳闸,#3 主变变低 503 开关分闸,10 kV 532 备自投成功,SCADA 无保护信号,调度员更是无法判断。经过当值调度初步判断,可能现场保护测控装置故障,现场无序动作。

(2)"到站时间 + 故障定位、隔离时间"决定了复电时间。变电到达现场后因站内有烟,排烟需要一定时间,影响了复电进度;因现场人员无法第一时间准确定位故障,开始定位故障为 543 开关炸坏,进一步检查才定位543开关二次电缆烧坏，因此故障定位也影响了复电进度；因故障波及10 kV 3M，需要紧急停电处理，扩大了停电的范围，需要转供电的线路达到10条次，受线路、主变重载等因素影响，转供电进度缓慢。

（3）目前分析的主变变低跳闸的快速复电，仅考虑了保护的动作情况，本次事件中发生的情况很少考虑，故能否快速复电，不是取决于调度员看到的保护动作情况，而是现场的情况；能否尽快复电，取决于到达现场的速度以及故障定位和隔离的速度，单凭调度员在系统中看到的保护动作情况，是不够全面的。快速复电必须基于安全的前提下，且快速复电不仅仅是调度一个部门的事，还涉及规划、基建、运维等各方面，需大家共同努力，把工作做到位。

案例六：2014年3月7日110 kV LHS站#2主变变低502A开关跳闸事件

事件前：

110 kV LHS站运110 kV母线并列运行，全站负荷由110 kV梅花线1154和110 kV兰花线1177供，三台主变分裂运行，#2主变带双分支母线，#2接地变D02位于10 kV 2AM，路灯线F24位于10 kV 2BM（图1-16）。

事件后：

2014年3月17日18时09分13秒245毫秒，110 kV LHS站10 kV 2AM母线、2BM母线接地动作，18时09分15秒65毫秒，#2接地变D02开关零序Ⅲ段保护动作，跳开#2主变变低A分支502A开关，10 kV

2AM母线失压，同时发出闭锁备自投命令，10 kV 2BM接地信号依然存在。18时09分54秒987毫秒，10 kV路灯线F24过流 Ⅰ段动作，跳开路灯线F24开关，10 kV 2BM接地信号复归。

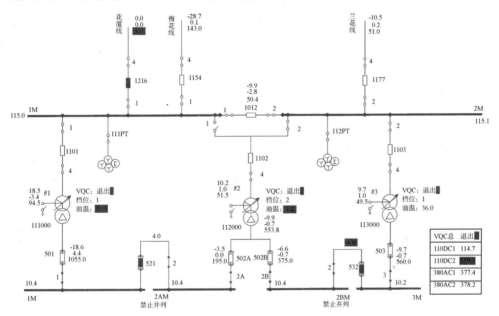

图 1-16 LHS 站接线方式

事件发生及处理过程：

事件发生及处理流程如图 1-17 所示。

事件造成的损失及影响：

本次事件损失负荷约 7.1 MW。无重要用户受影响，但先后影响两条路灯所专线。本次事件对该区局管辖范围内的部分区域的路灯及交通信号灯造成影响，影响了相关区域交通秩序，一定程度加剧了下班高峰时期的拥堵。而由于路灯所私自转电，扩大了停电范围，影响了该区局管辖范围内的另一部分区域的路灯和交通灯。

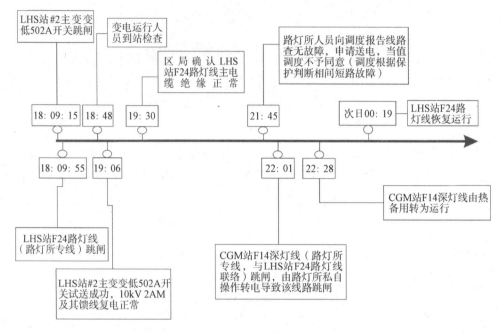

图 1-17　事故发生及处理流程图

保护动作情况：

二次设备保护配置情况：

二次设备保护配置表如表 1-2 所示。

表 1-2　二次设备保护配置表

变电站	设备名称	保护型号	保护厂家	CT 变比	投运时间
LHS 站	D02 接地变保护	RCS-9621C	南瑞继保	开关 CT 变比：600/1 零序 CT 变比：150/1	2009-06-15
	10kV F24 馈线保护	RCS-9611C	南瑞继保	开关 CT 变比：1000/1 零序 CT 变比：150/1	2009-06-15

10 kV 路灯线 F24 开关柜电缆接入方式：10 kV 路灯线 F24 开关柜实际接入三条电缆（A、B、C 三相并接），挂牌为 1 号、2 号、3 号电缆。但零序 CT 只接入了 1 号电缆，2 号、3 号电缆未串入，10 kV 路灯线 F24 零序保护只能反应 1 号电缆的接地故障。

二次设备保护动作分析：

（1）保护动作值符合定值单设定要求。

从自动化系统查询 SOE 信息记录，可确认保护动作时序与开关变位时序逻辑关系是否正确。其中，10 kV 路灯线 F24 开关在变低 502A 开关分闸约 40 秒后跳开，判断为 10 kV 路灯线 F24 开关在变低 502A 跳开、系统失去中性点后，由单相接地故障持续发展为相间故障，导致过流保护动作跳闸。

（2）异常发现。

因本次事件中，D02 零序保护动作，而 F24 零序保护未动作，重点对其零序 CT 通过一次穿线方式进行检查。检查发现，F24 开关柜每一相都接入三条电缆，挂牌为 1 号、2 号、3 号电缆，但零序 CT 只接入了 1 号电缆，2 号、3 号电缆未接入，见图 1-18 和图 1-19。在此接线模式下，F24 的零序保护只能反应 1 号电缆的接地故障，2 号或 3 号电缆发生单相接地故障时所产生的零序电流将不能流过零序 CT 而导致 F24 零序保护拒动，进而引起 D02 零序保护动作切除变低开关。

（3）保护分析结论。

10 kV 路灯线 F24 的 2 号或 3 号电缆发生单相接地故障，因零序 CT 未接入 2 号、3 号电缆，导致 F24 零序保护未动作。接地变 D02 零序保护作为系统接地故障后备保护动作跳闸，切除变低 502A 开关，保护正确动作。

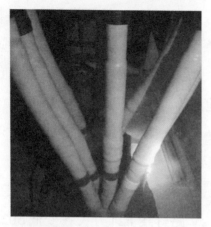

图 1-18 F24 开关柜接入 3 根三相电缆　　图 1-19 F24 开关柜接入 1 根三相电缆

事件分析：

（1）LHS 站 10 kV 路灯线 F24 开关跳闸原因分析。

LHS 站路灯线 F24 开关跳闸原因：泥岗立交桥路灯箱变 #2 开关至泥岗红岭立交箱变 #1 开关之间电缆中间头故障。故障点位于 F24 的 2 号或 3 号电缆出线，故障初期，故障电流超过零序整定电流但达不到过流Ⅰ、Ⅱ段定值，而零序保护只穿入 1 号电缆，故 10 kV 路灯线 F24 保护不动作，直至故障电流达到过流Ⅰ段整定值时，10 kV 路灯线 F24 过流Ⅰ段保护动作，跳开 10 kV 路灯线 F24 开关，隔离故障。

（2）LHS 站 # 2 主变 502A 开关跳闸原因分析。

结合 10kV 路灯线 F24 及 D02 保护动作情况综合分析，故障点位于 10 kV 路灯线 F24 的 2 号或 3 号电缆出线，故障初期，故障电流超过零序整定电流但达不到过流Ⅰ、Ⅱ段定值，而由于零序保护只穿入 1 号电缆，故 10 kV 路灯线 F24 保护不动作；而 D02 接地变保护感受到故障零序电流后，经整定延时，可靠跳开分段 521 及变低 502A 开关（由于设计在建站时未考虑 D02 保护跳 502B 开关，因此现场实际并无 502B 开关的跳闸回路，进而当 D02 零序Ⅲ段保护动作时，只跳开了 502A 开关）。

（3）CGM 站深灯线 F14 开关跳闸原因分析。

CGM 站深灯线 F14 开关跳闸原因：深圳路灯管理处运行人员未查明 LHS 站 10 kV 路灯线 F24 故障原因，未有效隔离故障，未经调度许可，私自将 LHS 站 10 kV 路灯线 F24 负荷转由 CGM 站深灯线 F14 供，造成 CGM 站深灯线 F14 开关跳闸。

暴露问题：

（1）110 kV LHS 站 10 kV 路灯线 F24 零序 CT 只穿入了 1 号电缆，但未穿入同柜的其他出线电缆（即 2 号、3 号电缆），导致零序保护不能真实地反映所有出线的故障情况而拒动，引起接地变 D02 零序保护动作，直接扩大了事故范围。

（2）110 kV LHS 站 #2 接地变 D02 保护跳闸回路不完善，零序保护仅跳接地变所在母线的 502A 分支开关，没有跳 502B 分支开关，不符合运行要求。本次事件中，D02 没有跳开 502B 分支开关，虽然在一定程度上减小了停电范围，但系统失去中性点以后，单相接地故障长时间持续存在，一定程度上增加了设备损坏和人身伤害风险。

（3）路灯专线规划不合理，供电半径过长。LHS 站 10 kV 路灯线 F24 供电线路长达 20.88km，CGM 站深灯线 F14 供电线路长达 44.71km，该两回线路串有 63 台路灯变压器，占该区路灯转变总数的 51%（该区公用路灯转变 124 台），一旦发生故障，将大面积影响该区路灯和交通灯的供电。

（4）路灯管理处运行人员对设备的运行维护，故障处理、应急处置水平有待提升。

（5）路灯管理处运行人员违反《深圳电网电力调度管理规程》，未经调度许可，私自操作转供电，扩大故障停电范围。

改进措施：

（1）公司各相关部门应加强对用户的管控和指导。

①督促路灯管理处开展隐患排查治理。公司安全监管部发函市安委办，由其督促路灯管理处开展隐患排查治理。

②系统运行部联合安全监管部、市场营销部前往路灯管理处走访，就设备接入、运行维护、故障处理、应急处置等方面充分沟通，探索建立联动响应机制。

③调整对路灯的供电策略：

（a）路灯专线供电，专线之间组网，公用线路驰援。采用此方法，路灯线路供电主要责任在路灯管理局，同时减少深圳电网馈线线损。但依据路灯管理处目前运维表现来看，此方法对城市交通运输的安全性来说不是好事。路灯所管理相对落后，查障偏慢同时没有快速复电的相应技术，路灯专线所带变压器众多，故障后会出现大面积停电情况。

（b）将路灯变压器分组后集体就近与公用线路组网，在运维分界点加装断路器。此方法好处在于分散了路灯变压器过于集中的风险，一定程度上可以解决路灯变压器大面积停电问题。但是由于与公用线路有联络，公用线路跳闸后会影响路灯，深圳电网会承担路灯、交通信号灯停电的责任。

④系统运行部加强对用户专线的调度管理，组织签订并网调度协议，组织开展用户运行人员调度受令资格培训与考核。

（2）加强和完善对配网一、二次设备的运行管理。

①变电管理一所对 10 kV 路灯线 F24 零序 CT 进行整改，增加一

台零序 CT，同时穿入 2 号和 3 号电缆，其二次出线与原零序 CT 并接，形成和电流进入 F24 保护装置，经调试正确后，恢复保护投运。

②变电管理一所联系设计单位增加 D02 保护跳 502B 开关回路。

③针对 10 kV 系统零序保护容易误动、拒动的问题，系统运行部组织了专项检查工作，印发《关于开展接地变保护异常动作情况专项检查的通知》（深供电运部〔2012〕105 号），明确了相关检查方法和检查要求，需要再次督促运维单位做好落实。

另外，对于区局馈线改造、电缆振荡波测试等对站内馈线零序 CT 接线有影响的工作，变电管理单位需要健全验收流程。对于像 110 kV LHS 站 F24 同一个开关柜接入多根电缆的情况，需要协调各区局和变电管理所再进行重点清查。

④针对接地变零序保护跳闸逻辑的问题，系统运行部重新整定了全网接地变保护零序跳闸逻辑，并发布了《接地变压器运行方式及跳闸逻辑讨论会纪要》（深供电运部纪要〔2012〕56 号），明确了接地变零序保护不跳接地变开关、双分支的变压器需要跳两个变低开关。针对 110 kV LHS 站 D02 接地变只跳一个分支开关的问题，需要再次组织检查，确保要求执行到位。

案例七：2014 年 1 月 8 日 110 kV HJ 站 #1 主变变低 501 开关跳闸事件

事件前：

事件前 110 kV HJ 站挂 220kV 梧桐网，110 kV 母线分列运行，由梧海 I、II 线供全站负荷。HJ 站 #1 主变挂 110 kV 1M 运行（图 1-20）。

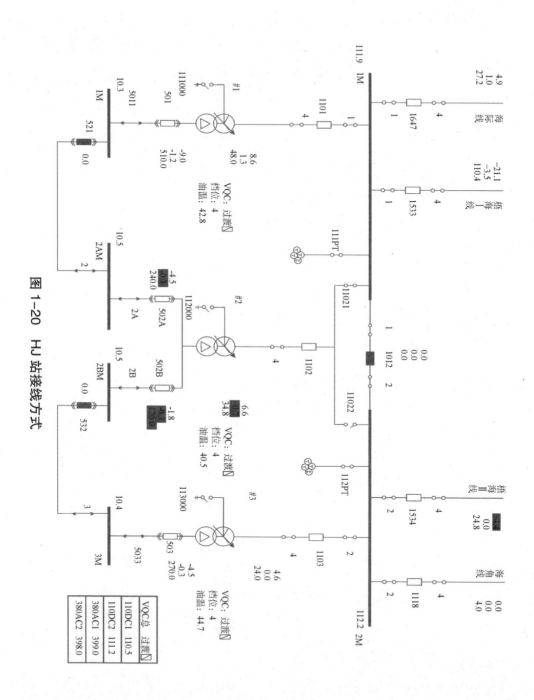

图 1-20 HJ 站接线方式

事件后：

HJ 站 #1 主变变低 501 开关跳闸，SCADA 上传 D01 保护动作、#1 主变后备保护故障等信号，10 kV 1M 停电，共损失负荷 5.7 MW。F07 副食品线为某一级用户的备供线路，现场核实该一级重要用户未受影响。

事件发生及处理过程：

➤ 06：55，区局核实 F07 副食品线为某一级用户的备供线路，现场核实该一级重要用户未受影响。

➤ 07：39，HJ 站报现场接地变 D01 过流Ⅲ段保护动作和零序Ⅱ段保护动作，且 F13 开关运行指示灯不正常，F21 保护屏黑屏。现场其他设备无异常。

➤ 07：48—07：55，当值对 HJ 站 #1 主变 501 开关、D01、ST1 及 10kV 馈线（除 F13、F21 外）设备进行逐级送电，送电正常。要求现场请相关班组对 F13、F21 进行专业检查，并通知区局对 F13、F21 站外线路进行巡视检查。其中 F21 为空载线路。

➤ 08：50—10：06，区局报 F13 站外线路无异常，具备送电条件，申请转供电。F13 经相关专业班组检查后确认具备送电条件；F21 保护屏经厂家更换后，由相关专业班组检查，确认具备送电条件。F13、F21 送电正常。

➤ 11：53—21：28，HJ 站 D01 由运行转检修，经检查 D01 保护 CPU 板采样异常，经现场更换后送电正常，HJ 站 10 kV 母线恢复正常运行。

事件分析及思考：

（1）当值处理情况。

事件发生时，SCADA 上传 D01 保护动作、#1 主变复合电压启动、

#1 主变后备保护故障等信号，当值初步判断故障源于 10 kV 馈线或接地变 D01。但由于 501 开关跳闸时无任何馈线跳闸信号上传。当值需要现场 10 kV 设备运行状况和具体保护动作信息进行故障判断和制定复电方案。

（2）事件原因分析。

初步检查后变电运行人员汇报，现场异常情况为 D01 零序过流Ⅲ段保护动作，且 F13 开关运行指示灯不正常，F21 保护屏黑屏。现场其他设备无异常。通过核查 SOE 信息发现 06：35：24，HJ 站 D01 保护动作；06：35：26，HJ 站 #1 主变复合电压启动。现场只有 D01 有保护动作，而且 F13、F21 无保护动作，结合 HJ 站 D01 整定情况（零序Ⅱ段保护 1.5s，跳分段；零序Ⅲ段保护 2.0s，闭锁 10 kV 备自投并跳变低），当值分析 D01 本体正常，为二次故障，后经专业检查有 D01 保护 CPU 板采样异常情况，故此次 HJ 站 #1 主变变低 501 开关跳闸原因应为 D01 二次故障，导致保护误动。

（3）总结。

此次事件快速复电并不理想，主要存在的问题在于：

①从通知 WT 中心站到现场人员就位就已近 1 小时，当值追问催促中心站也无确定回答，只是回应在路上。当值对于变电运行人员是否迅速及时进行事故应急行动无法把控。

②从当值日志记录查看"7：39，HJ 站现场报：D01 上有过流Ⅲ段保护和零序Ⅱ段保护动作信号，F13 开关指示灯不正常，F21 保护黑屏。"但该事件处理告一段落后再与变电核实 D01 保护信息时却是"D01 零序过流Ⅲ段保护动作，并无过流保护动作"。当值在处理该事件时未考虑周全，对保护信息的准确性和逻辑性判断有所欠缺，同时也暴露了当值对所管辖设备继电保护整定情况生疏的问题。因此也

要进一步加强当值调度员对继电保护知识的学习，以便在事故处理时能更准确、及时地判断故障原因，缩短复电时间。

1.3.2　小结

对于主变故障跳闸，故障点通常分布在几个不同的位置范围内（见图 1-21），由相对应的保护动作来隔离故障点。

本体及套管故障（故障点 1）：主变差动保护 CT 内故障，差动保护动作，同时跳主变两侧开关。

10kV 母线及其附属设备故障（故障点 2）：两相短路故障为变低后备保护；接地短路故障为接地变保护动作。

以上两类故障皆保护动作跳变低的同时闭锁备自投装置。

馈线开关一次机构故障（故障点 3）：表现为馈线开关的分闸线圈故障、慢分、三相分合不到位等，导致故障时限过长，接地变保护或变低后备保护动作跳开主变变低开关。

馈线开关二次装置异常（故障点 4）：保护装置出口继电器故障，

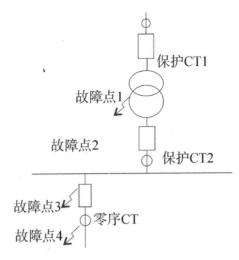

图 1-21　主变故障点示意图

导致馈线故障时保护装置动作但不能出口；电流回路异常，导致馈线故障时保护装置不能采集到故障电流而拒动（该故障的保护现象和故障点 2 相同）；保护装置异常，导致馈线故障时保护装置虽有正确采样，但无法动作；保护装置的控制回路二次电缆中存在接线松动的情况，导致馈线故障时保护装置动作出口但不能跳闸。

统计 2010—2017 年的主变故障跳闸数据，共发生 64 起主变跳闸事件，总结分析其跳闸原因如下：

（1）主变变低开关、刀闸本体故障，总计 8 起；

（2）10 kV 馈线故障，馈线保护未动作，越级跳主变变低开关，总计 31 起（其中，馈线保护装置故障为 30 起，馈线开关分闸不到位为 1 起）；

（3）主变保护装置故障，总计 8 起；

（4）主变变低母线或母线上连接的其他设备（PT、避雷器等）故障，总计 10 起；

（5）10 kV 母联开关、刀闸本体故障，总计 4 起；

（6）其他原因（比如未发现故障原因等），总计 3 起。

上述各跳闸原因导致故障占总故障事件数百分比如图 1-22 所示。

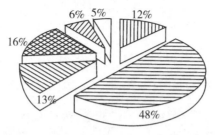

图 1-22　主变跳闸原因导致故障占比图

由此可见，10 kV 馈线故障，馈线保护未动作，越级跳主变变低开关是配网调度主变跳闸的主要原因，所占比例高达 48% 左右。因此，应加强站内 10 kV 馈线开关、保护等装置的巡视维护，特别是馈线保护装置的巡视维护（在那 48% 中，馈线保护装置故障为 30 起，馈线开关分闸不到位为 1 起，馈线保护装置故障比例为 97%），减少越级跳闸的可能，提高 10 kV 馈线开关的正确动作率，可以有效减少主变跳闸事件的发生。

分析汇总以上主变事故处理流程，调度员在主变跳闸事故处置流程方面有几个关键点：

①事故发生后，调度员应当迅速通知变电到站查看，通知区局做好转电准备，通知客服及总值班室等以便于及时对外发布事故情况，防止用户因不了解情况而造成不利的舆论影响。

②调度员应当查看日志联系变电、区局确认故障部分该日有无站内、站外工作：如果有工作，则应当暂停工作并令工作人员撤离，分析故障是否为工作造成，为查找故障原因提供一个方向；如无工作，则通知变电尽快查看现场设备情况，让区局通知配电人员到位做好准备。

③等待变电到站期间，调度员分析跳闸动作信号及保护信号，讨论故障原因，做好故障处理准备。

④调度员在分析故障情况时，为了更清晰地了解故障发生经过和相应的保护动作信息，查看故障信号要到 SOE 中具体查询。主动查看 SOE 及保信系统，有利于加深对事故的理解，并为事故处置提供依据。

⑤调度员应当及时查看故障区域历史日志记录，为故障处理做好准备。

⑥在故障发生后，调度员应当冷静分析故障情况，做好处理准备，

待查清故障原因之后再予复电。

⑦如果事故中有 10 kV 备自投动作,调度员应当注意调整母线接地装置,若两条 10 kV 母线接地装置均为接地变时,要切除备投母线上的接地变。若接地装置为消弧线圈,则不作要求。

⑧在故障发生后,调度员应当分析馈线情况,查看相应馈线最近负载率和馈线联络情况,做好转电设想。

⑨对于站外转电,如果不确定馈线上是否存在故障,通知区局应当检查确认无故障后再予以转电。

⑩对于重要用户,调度员应当迅速核实受影响情况,通过转电、应急发电车等优先恢复其供电。

⑪对于送电方式发生改变,导致产生运行风险的,要及时编制、发布相关实时运行风险,通知相关单位做好风险管控措施。

⑫在故障处理中,要注意加强与其他部门的沟通,及时与变电区局沟通,充分了解现场情况;加强与客服、总值等沟通,及时将故障情况和处理进度报送领导、对外发布等;加强部门内部沟通,联系自动化、通信、继电保护专业等,讨论分析故障原因等,以便准确快速处理故障。

第 2 章　接地变

2.1　接地变简介

我国电力系统中的 6 kV、10 kV、35 kV 电网中一般都采用中性点不接地的运行方式。电网中主变压器配电电压侧一般为三角形接法，没有可供接地电阻的中性点。当中性点不接地系统发生单相接地故障时，线电压三角形仍然保持对称，对用户继续工作影响不大，并且电容电流比较小（小于 10A）时，一些瞬时性接地故障能够自行消失，这对提高供电可靠性，减少停电事故是非常有效的。

但是随着电力事业日益壮大和发展，这种简单的方式已不再满足现在的需求，在城市电网中电缆电路的增多，电容电流越来越大（超过 10A），此时接地电弧不能可靠熄灭，就会产生以下后果：

（1）单相接地电弧发生间歇性的熄灭与重燃，会产生弧光接地过电压，其幅值可达 4U（U 为正常相电压峰值）或者更高，持续时间长，会对电气设备的绝缘造成极大的危害，在绝缘薄弱处形成击穿，造成重大损失。

（2）由于持续电弧造成空气的离解，破坏了周围空气的绝缘，容易发生相间短路。

（3）产生铁磁谐振过电压，容易烧坏电压互感器并引起避雷器的损坏甚至可能使避雷器爆炸。这些后果将严重威胁电网设备的绝缘，危及电网的安全运行。

为了防止上述事故的发生，为系统提供足够的零序电流和零序电压，使接地保护可靠动作，需人为建立一个中性点，以便在中性点接入接地电阻。接地变压器（简称接地变）就在这样的情况下产生了。接地变就是人为制造了一个中性点接地电阻，它的接地电阻一般很小（一般要求小于 5Ω）。另外接地变有电磁特性，对正序负序电流呈高阻抗，绕组中只流过很小的励磁电流。由于每个铁心柱上两段绕组绕向相反，同心柱上两绕组流过相等的零序电流呈现低阻抗，零序电流在绕组上的压降很小。即当系统发生接地故障时，在绕组中将流过正序、负序和零序电流，该绕组对正序和负序电流呈现高阻抗，而对零序电流来说，由于在同一相的两绕组反极性串联，其感应电动势大小相等，方向相反，正好相互抵消，因此呈低阻抗。由于很多接地变只提供中性点接地小电阻，而不需带负载，所以很多接地变就是属于无二次的。接地变在电网正常运行时相当于空载状态。但是，当电网发生故障时，只在短时间内通过故障电流。中性点经小电阻接地电网发生单相接地故障时，高灵敏度的零序保护判断并短时切除故障线路，接地变只在接地故障至故障线路零序保护动作切除故障线路这段时间内起作用，中性点接地电阻和接地变才会通过零序电流。

根据上述分析，接地变的运行特点是：长时空载，短时过载。

接地变是人为制造的一个中性点，用来连接接地电阻。当系统发生接地故障时，对正序、负序电流呈高阻抗，对零序电流呈低阻抗性使接地保护可靠动作。其主要作用是在中性点绝缘的三相电力系统中，用来为这种系统提供一个人为制造的中性点，该中性点可以直接接地，也可以经过电抗、电阻器或消弧线圈接地，与自动保护装置相配合，可以在故障开始阶段将故障部分隔离开来。

2.2　深圳配电网接地变运行方式

深圳配电网对于接地变压器运行方式及跳闸逻辑要求：

（1）10 kV（20 kV）小电阻接地系统，原则上不允许运行变压器变低并列运行。

（2）原则上不允许 10 kV（20 kV）母线不带接地变运行，禁止接地变无过流保护或零序保护运行。

（3）通过分段或主变变低开关并列的多段母线视为同一母线，同一母线只允许保留一台接地变运行。只有在转电操作过程中，允许两台接地变短时并列运行。

（4）接地变与主变应对应运行，主变变低负荷转供电时，保留运行主变所属的接地变运行，不允许保留无运行主变母线段的接地变运行。

（5）接于双分支主变 10 kV（20 kV）母线的接地变，其零序保护应同时出口跳两分支变低开关。

（6）接于双分支主变一段 10 kV（20 kV）母线的接地变，其零序保护定值按同时出口跳两分支分段开关设定，跳本分支分段开关出口压板长期投入，跳另一分支分段开关出口压板根据实际运行方式安排投退。当接地变与另一分支分段开关无电气联系时，退出其零序保护跳另一分支分段开关出口压板；当接地变与另一分支分段开关存在电气联系时，临时投入其零序保护跳另一分支分段开关出口压板。

2.3 案例分析

2.3.1 历史典型案例

案例一：2016 年 4 月 13 日 110 kV XA 站 #1 接地变 D01 开关、#3 接地变 D03 开关跳闸事件

事件前：

XA 站 110 kV 母线并列运行，#1、#2、#3 主变及 10 kV 母线为正常运行方式，10 kV 分段 521 开关、532 开关在热备用状态，D01 开关、D02 开关、D03 开关在运行状态（图 2-1）。

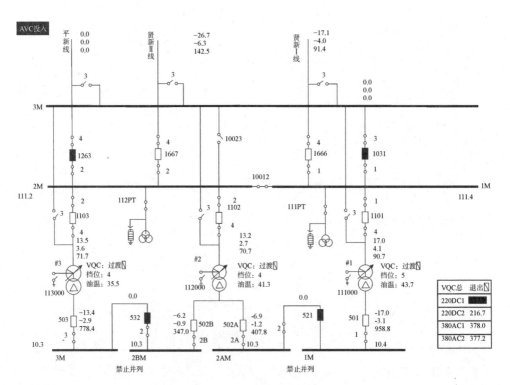

图 2-1 XA 站接线方式

事件后：

XA 站 #1 接地变 D01 开关、#3 接地变 D03 开关在热备用状态。

处理过程：

➤ 06：27，XA 站 #1 接地变 D01 开关、#3 接地变 D03 开关均在过渡状态，其中接地变 D03 上传了分闸信号，接地变 D01 未上传分闸信号。通知变电到站检查。

➤ 06：40，因 10 kV 3M 无接地装置，当值合上 532 开关，断开 XA 站 503 开关，10 kV 3M 负荷转 #2 主变供。

➤ 06：50，因 10 kV 1M 无接地装置，当值合上 521 开关，断开 XA 站 501 开关，10 kV 1M 负荷转 #2 主变供。

➤ 07：04，变电报：因下大雨，预计到站时间还需要 20 分钟。

➤ 07：13，若 D01、D03 无法送电，预计 #2 主变将会过载，通知 BC 所做好转电准备。

➤ 0 7：28，XA 站到站检查设备。

➤ 07：49，XA 站报：D01、D03 开关均为网门跳闸。当值试送 D01、D03 均成功，10 kV 母线恢复正常运行方式。

案例二：2015 年 1 月 30 日 110 kV LX 站 #1 接地变 D01 开关跳闸事件

事件前：

LX 站 #1 主变挂 110 kV 1M 运行，#2 主变挂 110 kV 2M 运行，110 kV 分列运行，10 kV 分段 521 开关热备用状态，#1 接地变 D01 在运行状态。

事件后：

LX 站 #1 接地变 D01 在热备用状态。

处理过程：

➤ 10：50，LX 站 #1 接地变 D01 开关事故分闸。

➤ 11：06，11：04 主网合上 1012 开关后，110 kV 并列运行，配网合上 521 开关，断开 501 开关，通知变电到站检查处理。

➤ 11：08，为防止 110 kV 交翔 II 线单供风险，与主网沟通 110 kV 先保持并列运行状态。

➤ 11：18，LX 站报：D01 过流 I 段保护动作，指示 BC 相。

➤ 11：52，10 kV #1 接地变 D01 本体由热备用转为检修。

➤ 14：28，LX 站报：检修高试检查接地变一次设备正常，怀疑保护装置问题，待厂家到场检查。

➤ 16：09，通知 MA 中心站将 LX 站 110 kV #2 主变改挂至 110 kV 1M，LX 站转分列运行。

➤ 17：11，现场已将 LX 站 110 kV #2 主变由挂 110 kV 2M 改挂至 110 kV 1M，110 kV 转分列。

➤ 18：56，10 kV #1 接地变 D01 本体由检修转为运行。

➤ 19：28，将 LX 站 110 kV #2 主变改挂至 110 kV 2M，LX 站恢复正常分列运行。

➤ 20：23，具体原因：接地变保护装置采样板插件松动引起过流 I 段保护动作，导致接地变跳闸。

案例三：2013 年 9 月 24 日 110 kV HJ 站 #3 接地变 D03 开关跳闸事件

事件前：

110 kV HJ 站 #1 主变、#2 主变挂 110 kV 1M 运行，#3 主变挂 110 kV

2M 运行，110 kV 母线分列运行，#3 接地变 D03 在运行状态。

事件后：

HJ 站 #3 接地变 D03 在热备用状态。

处理过程：

➢ 09：02，HJ 站 #3 接地变 D03 开关事故分闸。

➢ 09：58，变电报 D03 过流 I 段保护动作跳闸。

➢ 10：13，HJ 站 #2 主变变高 1102 开关由挂 110 kV 1M 运行该挂至 110 kV 2M 运行，合上 532 开关。

➢ 10：24，HJ 站 D03 由热备用转为检修。

➢ 13：42，HJ 站报：D03 本体 C 相绝缘低，具体故障原因还需厂家详细查明，暂不具备送电条件。

➢ 9 月 29 日 12：50，HJ 站 10 kV 接地变 D03 故障处理完毕，D03 由检修转运行，10 kV 负荷恢复正常运行方式。

➢ 9 月 29 日 13：08，HJ 站 #2 主变由挂 110 kV 2M 运行改挂 110 kV 1M 运行。

2.3.2　历史数据分析

统计 2010—2017 年的接地变故障跳闸数据，共 23 起接地变跳闸事件，总结分析其跳闸原因如下：

（1）网门松动引起的跳闸，总计 9 起；

（2）接地变本体、开关故障，总计 2 起；

（3）10 kV 馈线故障冲击影响，总计 7 起；

（4）接地变保护装置故障，总计 3 起；

（5）其他原因，总计 2 起。

上述跳闸原因导致接地变故障占总接地变跳闸事件总数的百分比如图 2-2 所示。

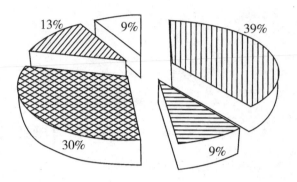

[Ⅲ 网门松动 ⊟ 接地变本体、开关故障 ⊠ 馈线故障冲击 ⊘ 保护装置故障 □ 其他]

图 2-2　接地变跳闸原因占比图

由此可见，网门松动和 10 kV 馈线故障冲击影响是接地变跳闸的主要原因，所占比例分别达到 39% 和 30%。因此，制定防止网门松动措施和提高 10 kV 馈线开关的正确动作率，可以有效减少接地变跳闸事件的发生。

第3章 消弧线圈

3.1 消弧线圈简介

消弧线圈是一种35 kV以下常见的接地装置，接于变压器的中性点或通过接地变接地。电力系统经消弧线圈接地，构成消弧线圈接地系统，为非有效接地系统的一种（系统零序阻抗和正序阻抗比值）。

消弧线圈的作用是当系统发生单相接地故障后，提供一个分量电感电流用于补偿系统接地电容电流，使故障点接地电流减小，降低故障点接地电弧两端的电压恢复速度，以利于接地电弧的熄灭。

1. 消弧线圈构成

（1）接地变压器：为系统提供人工中性点。

（2）消弧线圈：在系统中性点与地之间用于提供感性补偿电流。

（3）控制器：用于控制消弧线圈自动跟踪补偿功能。

（4）辅助设备。

构成示意图如图3-1所示。

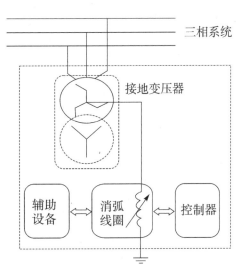

图3-1 消弧线圈构成示意图

2. 消弧线圈基本原理

当线路发生单相金属性接地时，故障相对地电压为零，非故障相对地电压上升为 1.73 倍相电压，并出现与相电压等大小的零序电压 U_o。馈线非故障相容流通过故障线路接地点形成通路，并且由于对地存在零序电压，因此消弧线圈通过接地变与故障线路故障点形式零序通路，向故障点提供感性补偿电流。故障点电流为全网容流与消弧线圈补偿电流之和。由于补偿电流为感性，与容流成反方向，起到减少故障点接地故障电流的作用，使故障点易于灭弧消除故障。消弧系统单相接地零序电流示意图如图 3-2 所示。

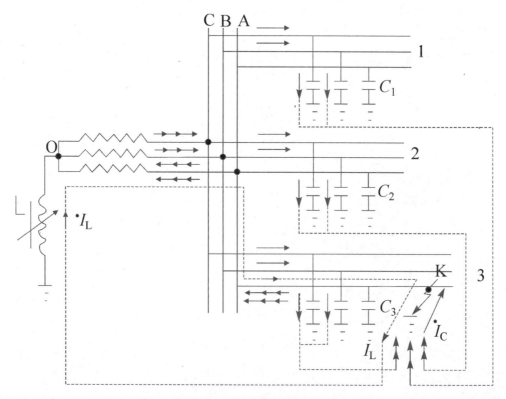

图 3-2　消弧系统单相接地零序电流示意图

消弧线圈的另一个主要作用就是降低弧隙上的恢复电压，降低电弧重燃概率，抑制弧光过电压。根据工频熄弧理论，间歇性弧光接地，即电弧电流在过零点时熄灭，在对地电压较高时重燃，由于系统存在对地电容，电弧熄灭与重燃过程同时也是电容充放电过程。如图 3-2 所示，在工频第一个周波左右，非故障相将出现 2.5 倍峰值电压，第二个周波时达峰值 3.5 倍相电压，上述弧光过电压将对一次设备绝缘产生影响。

消弧线圈应在过补偿状态下运行，为确保补偿效果，脱谐度应控制在 5%～10%，因目前深圳电网采用的消弧成套系统为自动跟踪补偿成套设备，可根据实际情况进行调节感性电流补偿度，因此只要保证补偿容量超过上述裕度，使消弧系统运行在过补偿状态，可保证系统正常运行。

3.2　深圳配电网 10 kV 消弧线圈运行方式

1. 消弧线圈操作原则

（1）消弧线圈倒换分接头或消弧线圈停送电时，应遵循过补偿的原则。

（2）倒换分接头前，必须拉开消弧线圈的隔离开关，并做好消弧线圈的安全措施（除自动切换外）。

（3）正常情况下，禁止将消弧线圈同时接在两台运行的变压器的中性点上。如需将消弧线圈由一台变压器切换至另一台变压器的中性点上时，应按照"先拉开，后投入"的顺序进行操作。

（4）经消弧线圈接地的系统，在对线路强送时，严禁将消弧线圈停用。系统发生接地时，禁止用隔离开关操作消弧线圈。

（5）自动跟踪接地补偿装置在系统发生单相接地时起到补偿作用，在系统运行时必须同时投入消弧线圈。

（6）系统发生接地故障时，不能进行自动跟踪接地补偿装置的调节操作。

2. 深圳配电网 10 kV 消弧线圈装置运行方式的要求

（1）对于主变停电，两段 10 kV 母线须并列运行，且两段 10 kV 母线均配置有消弧线圈，处置原则如下：

①无须退出其中一段母线消弧线圈装置，允许两段母线上的消弧线圈并列运行。

②主变停电申请时，变电运维人员应确认消弧线圈状态正常，并确认两段母线电容电流之和小于两台消弧线圈补偿容量。

（2）对于主变停电，两段 10 kV 母线须并列运行，但一段母线配有消弧线圈，另一段母线无配置消弧线圈或消弧线圈退出运行，处置原则如下：

①单台消弧线圈补偿容量大于两段母线总电容电流的，允许并列运行。

②主变停电申请时，变电运维人员需确认消弧线圈状态正常，并确认两段母线总电容电流数值。对于无配置消弧线圈装置的母线（如带分支母线）应通过母线出线电缆的规格和长度估算电容电流数值。若实际情况难以计算，则以全母线实测的电容电流的一半作为估算值（即 2AM、2BM 母容流之和的一半）。

（3）母线并列运行后，运行人员应记录母线并列后消弧线圈装置实测的总电容电流数据和补偿状态，如发现异常，立即上报当值调度和专业负责人判断处理，不允许电容电流长期超标运行。如现场发现总电容电流超标，请系统运行部采取重新调整配网运行方式的措施，调走部分电缆线路，降低母线电容电流，确保电容电流之和小于消弧线圈补偿最大电流。如无法临时调整配网运行方式，则取消母线并列运行，恢复原方式运行，待重新制定调荷方案，满足条件后重新安排设备停电。

（4）为了避免 10 kV 母线停电送电操作过程中母线失地或无补偿的危害，对于 10 kV 母线停电操作，应在断开所有馈线、电容（抗）器、站用变开关后，再断开消弧线圈开关，最后断开母线变低（或分段）开关；对于 10 kV 母线送电操作，应先投入变低（或分段）开关，再投入消弧线圈开关，最后恢复馈线、电容（抗）器、站用变开关运行。

3.3　消弧线圈系统接地情况处置

1. 母线接地判断依据

① PT 上传"XX 母线接地"信号。

②电网零序电流。

③母线电压异常变化。

2.10 kV/20 kV 母线接地选切规定

深圳中调目前消弧接地系统选切原则及顺序如下：

①切除跨越道路线路。

②切除电容器。

③切除非重要负荷线路。

④切除重要负荷线路。

⑤接地选切后信号不复归,统一不送回,有保电用户的线路也一样。

3. 对 10(20)kV 母线假接地信号讨论

存在部分非母线接地引起母线接地假信号(以下称接地假信号)的情况,通过对日常情况分析,主要原因为:母线接地继电器误动作、电网三相对地电容不对称、PT 高压熔断器熔丝熔断、通讯中断造成信号迟滞复归、铁磁谐振等。调度员在遇到接地信号时,可以参考母线电压和消弧线圈显示零序电流情况来处理。

3.4 案例分析

3.4.1 历史典型案例

案例一:110 kV FY 站 10 kV 1M 接地选线问题处理

2015 年 8 月 BA 供电局反映 FY 站 10 kV 和平线 F01 在 2014 到 2015 年期间被选切 8 次但巡线未发现异常。针对该情况,对 110 kV FY 站 10 kV 1M 消弧线圈 L01 的控制装置及接地选线装置进行了检查,详情如下。

接地选切检查情况 :

2014—2015 年期间 FY 站 10 kV 1M 共报接地故障 14 次,其中仅有 3 次站外巡线发现一个故障点,均为 10 KV F07 上故障。另外 11 次选切线路后,接地情况消失,但站外未查出故障点,其中 10 KV F01 选切 8 次,均未查出故障点。

初步判断为消弧系统串联谐振产生的"虚幻接地"。

消弧控制器及本体检查情况：

FY 站 3 台消弧线圈为河北旭辉电气有限公司生产的 ZGML-K 型调容式自动跟踪补偿及接地选线装置，采用预调方式运行。

1. 本体调档电容检查情况

消弧线圈本体 C1、C4、C5 调档电容容抗与额定值有差异，C2、C3 调档电容故障损坏。消弧线圈电感调节一方面用于适配补偿电流，另一方面用于测算系统容流值，由于调档电容损坏从而导致消弧线圈测量容流不准，影响消弧线圈正常的自动跟踪补偿功能，造成消弧线圈频繁调档，并可能使消弧线圈运行于全补偿状态，即系统谐振点。

2. 本体阻尼电阻和位移电压检查情况

由于消弧线圈采用预调方式，母线接地故障前消弧线圈将补偿电感调至预定位置，并串入阻尼电阻用以抑制串联谐振。当系统接地时，阻尼电阻两端的可控硅触发（一般设定回路电流 5 A 时触发），阻尼电阻被短接，防止接地电流过大而烧毁电阻。

检查发现位移电压为 110 V，回路电流为 1.8 A。根据运行经验，一般位移电压在 100 V 以下，但位移电压偏高，回路电流偏大，虽然满足运行要求，但是如果负荷波动较大，也可能造成阻尼电阻因为系统扰动而误触发。

分析结论：

经分析 110 kV FY 变电站 10 kV 1M 系统多次接地告警是由于消弧线圈本体部分调档电容损坏，造成电容电流测量不准确，消弧线圈跟踪补偿时频繁调整档位，并且位移电压偏大容易误触发可控硅短接阻尼电阻，引起了系统串联谐振，造成了"虚幻接地"，调度切除 10KV F01 后系统谐振条件破坏，虚假接地信号消失。

消弧线圈正常运行时，当系统等值出现时，进入串联谐振状态，即全补偿状态（为确保接电故障时残流较小，脱谐度一般为 5%～10%，正常运行时位于过补偿状态靠近谐振点）。

因为最大谐振电压取决于系统阻尼率，阻尼率越高谐振过电压幅值越小，设置阻尼电阻用以抑制谐振过电压幅值。

为了避免谐振发生，通过调整接地变的分接头或增大阻尼电阻值，以减小回路电流。

案例二： 110 kV LA 变电站 #3 消弧线圈 L03 开关跳闸事件

事件前：

110 kV LA 变电站 110 kV 母线分列运行，#1 主变挂 110 kV 1M 运行，#2、#3 主变挂 110 kV 2M 运行，10kV 母线为正常运行方式，10 kV 分段 521 开关、532 开关在热备用状态。

事件后：

LA 变电站 #3 消弧线圈 L03 开关在热备用状态。

处理过程：

➢08：24，LA 变电站 10 kV #3 消弧线圈 L03 开关跳闸。当值调度员通知变电到站检查。

➢08：27，因 10 kV 3M 无接地装置，当值合上 10 kV 分段 532 开关，断开 #3 主变变低 503 开关，10 kV 3M 负荷转由 #2 主变供。

➢09：14，变电报，现场检查一二次设备正常，保护动作为网门跳闸，现场检查网门正常，申请试送。

➢ 09：15，LA 变电站 10 kV #3 消弧线圈 L03 开关由热备用转运行。

➢ 09：21，当值合上 #3 主变变低 503 开关，断开 10 kV 分段 532 开关，10 kV 3M 负荷恢复正常运行方式。

案例三：　110 kV LB 变电站 10 kV 母线 51PT 本体故障事件

事件经过：

➢ 21：47，当值调度员在 SCADA 监测到 "110 kV LB 变电站 10 kV 1M 接地、#1 主变保护装置故障" 信号。

➢ 21：50，当值查看 110 kV LB 变电站 10 kV 1M 母线电压正常，因该变电站 10kV 消弧线圈未安装零序电流监测装置而未能查看零序电流，并按照消弧接地系统选切原则切除 110kV LB 变电站 10 kV 1M 所有馈线开关（F23、F25 原在热备用状态），10 kV 1M 接地信号未复归。

➢ 21：53，110 kV LB 变电站 10 kV 1M 接地信号短时复归。

➢ 22：01，OPEN3000 上传 110 kV LB 变电站 10 kV 1M 母线电压越低限为 6.3 kV。

➢ 22：50，变电到站检查，故障原因为 10 kV LB 变电站 10 kV 1M 母线 51PT 本体故障。

➢ 23：51，故障 51PT 隔离，10 kV LB 变电站 10 kV 1M 母线负荷转由 #2 主变供。

3.4.2　历史数据分析

统计 2010 — 2017 年的消弧线圈故障跳闸数据，共 23 起消弧线圈跳闸事件，总结分析其跳闸原因如下：

（1）网门松动引起的跳闸，总计 8 起；

（2）消弧线圈本体故障，总计 6 起；

（3）10kV 馈线故障电流冲击影响，总计 3 起；

（4）保护装置故障，总计 3 起；

（5）其他原因，总计 3 起。

上述各跳闸原因导致故障占消弧线圈总故障事件数百分比如图 3-3 所示。

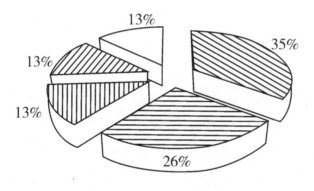

图 3-3　消弧线圈跳闸原因占比图

由此可见，网门松动和消弧线圈本体故障是消弧线圈跳闸的主要原因，所占比例分别达到 35% 和 26%。因此，制定防止网门松动措施和加强消弧线圈本体的巡视维护，可以有效减少接地变跳闸事件的发生。

第4章 站用变

4.1 站用变简介

站用变本质就是供变电站自身用电的降压变电器。作用是：

（1）提供变电站内的生活、生产用电。

（2）为变电站内的设备提供交流电，如保护屏、高压开关柜内的储能电机、SF6开关储能、主变有载调机构等需要操作电源的设备。

（3）为直流系统充电。

站用变工作线路图如图4-1所示。正常运行时，#1站用变通过

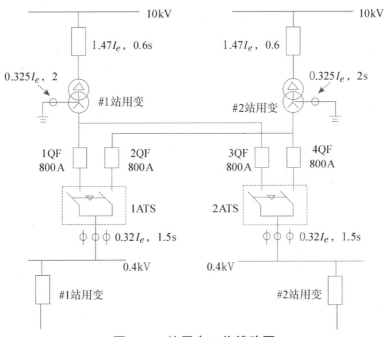

图4-1 站用变工作线路图

ATS 的 1QF 单供 380 V 1M，#2 站用变通过 ATS 的 4QF 单供 380 V 2M，实现母线分段运行。

当 #1 站用变跳闸后，站内 ATS "跷跷板" 备自投动作，ATS 的 2QF 合上，380 V 1M 由 #2 站用变供。当 #2 站用变跳闸后，站内 ATS "跷跷板" 备自投动作，ATS 的 3QF 合上，380 V 2M 由 #1 站用变供。

4.2 站用变零序保护定值

站用电零序保护定值必须与站用变变低零序配合，站用电零序保护定值如下：

（1）站用变额定容量为200 kVA：零序保护定值为90A，时限为1.5s。

（2）站用变额定容量为400 kVA：零序保护定值为180A，时限为1.5s。

（3）其他容量：零序保护定值 $=0.32 \times I_e$，时限为 1.5s，其中 I_e 为站用变低压侧额定电流。

（4）站用电 ATS 自投时间整定为 5s。

4.3 案例分析

4.3.1 历史典型案例

案例一：2014 年 12 月 13 日 110 kV CX 站 10 kV#1、#2 站用变跳闸事件

事件前：

110 kV CX站#1站用变接站内10 kV电源，#2站用变从110 kV ZXC

站引接10 kV电源（图4-2）。

事件后：

#1、#2站用变变高开关ST2跳闸，380 VⅠ、Ⅱ段母线失压。

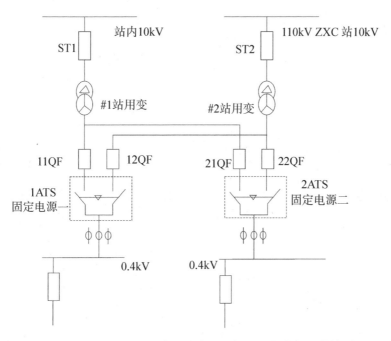

图4-2　110 kV CX站380 V站用电源系统运行方式图（事故前后一致）

事件经过：

2014年12月13日11时46分110 kV CX站上传"#1主变冷却器故障""#2主变冷却器故障"信号，值调度立即通知XX巡维中心运行人员到场检查。12时47分现场运行人员检查确认#1站用变变高ST1开关、#2站用变变高ST2开关为分闸状态，380 V 1M、380 V 2M失压，站用直流由蓄电池供电。

13时40分，继保班、电源班班组人员到达现场，对跳闸原因进行调查。经检查，发现是由于施工时电缆层两条退运的电缆由于误导通导致两台站用变变高开关先后跳闸。

查明原因后，施工人员将退运电缆从站用变高压开关柜端子侧拆除并检查无电压后用绝缘胶布包好抽出电缆层。14 时 55 分由运行人员向当值调度申请对 #1 站、#2 站用变送电，并于 15 时 10 分成功复电，全站 380V 交流电源恢复正常供电。

二次动作小结：

事发时站用电源设备改造工作已进入收尾阶段，110 kV CX 站 380V 站用电源设备已经改造，由 GCK 型低压开关柜更换为 GQH 型智能站用电源屏（新屏已投运），运行方式也由原来通过 RCS9652 备自投装置实现的进线备自投方式，变更为通过 ATS 切换的"固定电源一""固定电源二"方式。站用电改造完成后 380 V Ⅰ段母线由 #1 站用变供电，380 V Ⅱ段母线由 #2 站用变供电。GQH 智能站用电源屏具备 ATS 自动切换和过流、零序保护，根据站用变保护定值单配合整定站用电保护临时定值，暂不投入电源自动切换的功能。

现场施工人员正在将本次改造过程中退运的电缆抽出电缆层。继保、电源技术人员到电缆层检查后发现是由于两条退运的电缆在电缆层误导通致使两台站用变变高开关先后跳闸。

事件原因：

施工人员拆除退运电缆时误导通退运站用变变高联跳回路的带电芯线，是造成 110 kV CX 站 10 kV #1 站、#2 站用变变高跳闸的直接原因。

经核查，上述两条退运电缆分别为原 380 V 分段开关柜 RCS9652 备自投装置联至 #1 站、#2 站用变高压开关柜联跳站用变变高开关的二次线。380V 站用电源分段开关柜侧改造后，拆除旧站用电源屏时，施工人员仅解开站用变变高联跳二次回路旧站用电源屏本侧接线，在未查清对侧接线并在退运电缆仍带电的情况下，施工人员用绝缘胶布简单包扎后放在电缆层。

在施工收尾阶段，因电缆层电缆较多，抽出电缆时绝缘胶布脱落，先后误导通了 #2 站用变变高开关联跳回路正负电，造成 #2 站用变变高开关跳闸。此时，施工人员在电缆层工作并未意识到 #2 站用变变高开关跳闸，仍继续在现场工作，由于同一原因，再造成 #1 站用变变高开关跳闸。

案例二：2013 年 1 月 11 日 220 kV XH 站 #1 站用变、#2 站用变跳闸事件

事故前：

11：03，220 kV XH 站 #2 主变、#2 主变变低 502A 开关已由运行转为检修，#2 主变变低 502B 开关由热备用转为检修，10 kV 2M 负荷转由 #1 主变供。当日 XH 站未有站用变的工作。

事件概述：

2013 年 01 月 11 日 16 点 27 分 29 秒 671 毫秒，220 kV XH 站 #2 站用变变高过流 II 段保护动作，跳开 #2 站用变变高 ST2 开关；

2013 年 01 月 11 日 16 点 27 分 42 秒 653 毫秒，220 kV XH 站 #1 站用变变高过流 II 段保护动作，跳开 #1 站用变变高 ST1 开关。

处理过程：

➢ 16：27：29，SCADA 系统发出 XH 站 #2 站用变 ST2 开关分闸等信号。

➢ 16：27：42，SCADA 系统发出 XH 站 #1 站用变 ST2 开关分闸等信号，当值立即通知 HL 中心站相关情况，要求其立即到站处理。

➤ 16：32，XH站报：现场在进行#2主变消防水喷雾试验时，因消防水泵启动电流过大导致#1站、#2站用变相继跳闸，已经断开消防电源，此时人员已撤离并具备送电条件。

➤ 16：34，当值在查询该日工作计划后确认 XH 站计划工作中包含消防水喷雾试验一项。当值逐次送回 #2 站用变 ST2 开关、#1 站用变 ST1 开关，送电正常，相关信号复归。当值联系现场后责令现场立即检查相关设备，确认现场设备运行正常。

➤ 16：48，XH站报：经现场仔细检查，站内设备均运行正常。

故障原因：

（1）消防水泵为三相异步电动机，额定功率 110 kW，额定电流为 166A，启动电流为额定电流的 4 ~ 7 倍，即大于 664A，且持续时间达到整定延时。当时消防水泵电源接在 #2 路电源（#2 站用变供）。当消防水泵启动时，启动电流（拆算至 10 kV 侧，电流大于 24.03A）达到 #2 站用变变高过流 II 段定值（一次值 24A），经 600ms 后跳开 #2 站用变变高开关。

（2）因消防设备供电回路中安装有双电源自动转换控制装置，当时切换装置在"自动控制方式"下运行，当 #2 路电源失压后，双电源自动切换装置经约 6 秒（整定为 2.4 秒，但实际约为 6 秒）自动切换至 #1 路电源（由 #1 站用变供），消防水泵再次启动，启动电流达到 #1 站用变变高过流 II 段定值，经 600ms 后跳开 #1 站用变变高开关。

（3）XH 站站用变变低配置 TD200+PLC 控制模块，开关过流保护为反时限特性，无法与站用变高过流保护配合。电机启动时，开关反时限过流保护未动作，站用变过流保护动作跳变高开关。

暴露问题：

（1）XH 站站用变变低配置 TD200+PLC 控制模块，开关过流保护为反时限特性，无法与站用变高过流保护配合。电机启动时，开关反时限过流保护未动作，站用变过流保护动作跳变高开关。

（2）消防水泵存在安全缺陷，其启动电流居然能超过 #2 站用变变高过流 II 段定值。消防电源设定为自动，设想如果站内发生大型火灾，此时消防水泵启动却引起站用变接连跳闸，灾情不但得不到控制，更导致站内重要负荷失去站用电源，后果可想而知。

（3）现场运行人员没有做好事故预想，在知道消防水泵启动电流过大的情况下，应当将消防电源临时调整至"手动"。

整改措施：

（1）按照深供电运部纪要〔2012〕37 号《变电站站用电交流系统整改方案讨论会会议纪要》要求，2012 年中项目调整立项对 220 kV XH 站等 50 座变电站 TD200+PLC 控制模块站用变保护进行整改。希望 2013 年变电管理二所继保部能尽快推进 D200+PLC 控制模块站用变保护整改项目实施进程。

（2）主变消防喷水设备进行喷水检查前，临时退出站用变变高过流保护，将消防电源切换把手至"手动"位置。

（3）针对消防水泵启动电流过大的特性，考虑适当提高 #2 站用变变高过流 II 段定值。

4.3.2　历史数据分析

统计 2010 — 2017 年的站用变故障跳闸数据，共 21 起站用变跳闸事件，总结分析其跳闸原因如下：

（1）站用电源分支故障，总计 6 起；

（2）保护装置故障，总计 3 起；

（3）站用设备（消防水泵、空调风机）启动电流过大，总计 6 起；

（4）站用变本体故障，总计 5 起；

（5）站用变网门行程开关松动，总计 1 起。

上述各跳闸原因导致故障占站用变总故障事件数百分比如图 4-3 所示。

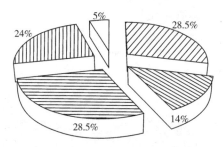

站用电源分支故障 保护装置故障 站用设备启动电流过大 站用变本体故障 站用变网门松动

图 4-3　站用变跳闸原因占比图

第5章 互感器

5.1 电压互感器

1. 电磁式电压互感器的工作原理

电磁式电压互感器的工作原理、构造和连接方法都和普通电力变压器相同。其主要区别在于电压互感器的容量很小，通常只有几十到几百伏安（见图5-1）。

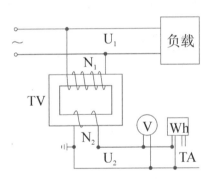

图 5-1 电磁式电压互感器工作原理图

2. 电压互感器的运行注意事项

（1）电压互感器二次禁止短路。

（2）禁止用隔离开关拉合异常电压互感器。

（3）为了防止铁磁谐振过电压和操作过电压烧毁电压互感器，在系统中运行方式和倒闸操作上应避免用有断口电容的开关切带有电磁式互感器的空母线，为此，在电磁式电压互感器投运前应先将母线充电接带负荷，然后投入电压互感器。在母线停运前应先将电压互感器停运，再将母线停运。

（4）新投或大修后的可能变动的电压互感器必须核相。

（5）进行 PT 停电操作时，先断开二次回路（断开二次小开关或取下熔断器），再拉开一次侧隔离开关；进行送电操作时，先合一次侧隔离开关，再合二次回路（合二次小开关或装上熔断器）。对 110 kV PT，除应断开高压侧刀闸外，还应断开二次空气开关；对 10 kV PT，除应断开高压侧刀闸并取下高压侧保险外，还应取下二次保险，防止二次回路向一次回路反充电。

（6）PT 二次侧在运行中不得短路，当发生短路时，PT 二次空气开关或熔断器会自动跳闸，并发出报警信号。

（7）PT 二次回路的切换，在母联开关合上且两台 PT 均在运行状态时，任一台 PT 停电均可将二次切换到另一台。

（8）在接触电容式电压互感器的导体前，必须将设备停电，然后再在端子处接地放电。

（9）停用电压互感器或取下二次侧熔断器前，应先考虑电压互感器所连接的继电保护装置，防止保护误动和电压互感器倒充电。

5.2 电压互感器异常及故障

1. 电压互感器常见故障分析

（1）电压互感器响声异常：若系统出现谐振或单相接地故障，电压互感器会出现较高的"哼哼"声。如其内部有"噼啪"声或其他噪声，则说明内部有故障，应立即停用故障电压互感器。

（2）电压互感器内部故障过热（如匝间、铁芯短路）产生高温，使油位急剧上升，并由于膨胀作用而漏油。

（3）电压互感器内部发出臭味或冒烟，说明其连接部位松动或高压侧绝缘损伤等。

（4）绕组与外壳之间或引线与外壳之间有火花放电现象，说明绕组内部绝缘损坏或连接部分接触不良。

（5）电压互感器因密封件老化而发生严重漏油故障：处理该异常故障时，禁止采用隔离开关或取下高压熔断器的方法来停用电压互感器，应用电源断路器停掉其所处的母线来停用故障电压互感器。

（6）高压熔断器熔断停电更换即可。

2. 电压互感器严重故障的处理程序和一般方法

（1）切除可能误动的保护及自动装置，断开故障电压互感器二次开关（或拔掉二次保险）。

（2）电压互感器三相或故障相的高压保险已熔断时，可以拉开隔离开关，隔离故障。

（3）高压保险未熔断，高压侧绝缘未损坏的故障（如漏油至看不到油面、内部发热等故障），可以拉开隔离开关，隔离故障。

（4）高压保险未熔断，电压互感器故障严重，高压侧绝缘已损坏，禁止使用隔离开关或取下熔断器来断开有故障的电压互感器，只能用断路器切除故障，然后在不带电的情况下拉开隔离开关，恢复供电。

（5）故障隔离，一次母线并列后，合上电压互感器二次联络，重新投上所切除的保护及自动装置。

5.3 电流互感器

1. 电流互感器结构原理

　　电流互感器的结构较为简单，由相互绝缘的一次绕组、二次绕组、铁心以及构架、壳体、接线端子等组成（见图 5-2）。其工作原理与变压器基本相同，一次绕组的匝数（N_1）较少，直接串联于电源线路中，一次负荷电流（I_1）通过一次绕组时，产生的交变磁通感应产生按比例减小的二次电流（I_2）；二次绕组的匝数（N_2）较多，与仪表、继电器、变送器等电流线圈的二次负荷（Z）串联形成闭合回路（见图 5-2）。由于一次绕组与二次绕组有相等的安培匝数，$I_1N_1=I_2N_2$，电流互感器额定电流比：$\dfrac{I_1}{I_2}=\dfrac{N_1}{N_2}$。电流互感器实际运行中负荷阻抗很小，二次绕组接近于短路状态，相当于一个短路运行的变压器。

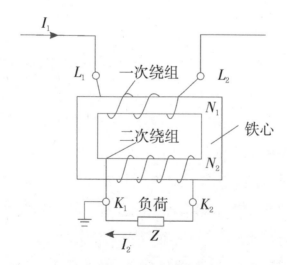

图 5-2 普通电流互感器结构原理图

2. 电流互感器的运行注意事项

（1）电流互感器不得长期超过额定容量运行。过负荷运行，会造成误差增大，表计指示不准确，还会造成铁芯和二次绕组过热，绝缘老化加快，甚至造成电流互感器损坏等。

（2）运行中的电流互感器二次侧回路不准开路，二次侧必须进行一点可靠接地。如因工作需要断开电流互感器的二次回路，应先将其二次端子用专用短接线或连接片可靠地短接。以防一次、二次绕组间绝缘损坏而被击穿时，二次绕组串入高电压，危及仪表、继电器及人身安全。

5.4　电流互感器异常及故障

1. 电流互感器常见故障

（1）产生过热现象。

（2）内部发出臭味或冒烟。

（3）内部有放电现象，声音异常，或引线与外壳有火花放电现象。

（4）主绝缘发生击穿，造成单相接地故障。

（5）一次或二次线圈的匝间或层间发生短路。

（6）充油式电流互感器漏油。

（7）二次回路发生断线故障。

发现电流互感器故障后，若情况严重，应立即切断电源，然后汇报上级，通知检修班组处理。当发现电流互感器的二次回路接头发热或断开时，若不切断电源，也应将一次电流调整到很小或空载，然后用安全工具设法拧紧，或在电流互感器附近的端子将其短路；如无法处理，应将电流互感器停电、转检修后再作处理。

2. 电流互感器二次开路故障的现场处理

故障现象：

（1）电流互感器声音变大，二次开路处有放电现象。

（2）电流表、有功功率表和无功功率表指示为零或偏低，电度表不转或转速缓慢。

现场处理方法：

（1）立即把故障现象报告值班调度员。

（2）根据故障现象判断开路故障点。

（3）根据现象判断是测量差动回路故障还是保护回路故障。如判断是保护回路的差动回路故障时，应立即停运差动保护。

（4）在开路处进行连通或靠电流互感器侧进行短接，带有差动保护回路的，在短接前应先停用差动保护。

（5）开路处不明显时，应根据接线图进行查找。若通过表面检查不出时，可以分段短路电流互感器二次或分别测量电流回路各点的电压。

（6）若无法带电短接时，应立即报请值班调度员作停电处理。

（7）检查二次回路开路的工作，必须注意安全，防止误碰触接线端子，使用合格的绝缘工具。

（8）在故障范围内，应检查容易发生故障的端子及元件，检查回路有工作时触动过的部位。

（9）对检查出的故障，能自行处理的，如接线端子等外部元件松动、接触不良等，可立即处理，然后投上所切除的保护。若开路故障点在互感器本体的接线端子上，对于 10 kV 及以下设备应作停电处理。

（10）若是不能自行处理的故障（如互感器内部），或不能自行查明故障，应汇报上级派人检查处理。

5.5　案例分析

5.5.1　历史典型案例

案例一：2017 年 1 月 29 日 110 kV JW 站 10 kV 1M 电压互感器 51PT 故障

处理过程：

➢ 21：47，SCADA 信号监测到 JW 站 "10 kV 1M 接地、#1 主变保护装置故障" 信号，当值通知 ZJ 中心站前往现场查看。

➢ 21：49，当值通知电网自动化部召唤 JW 站数据，10 kV 1M 接地信号依旧未复归。

➢ 21：50，当值遥控断开 JW 站 10 kV 1M 所有馈线开关（F23、F25 原在热备用状态），10 kV 1M 接地信号未复归，通知区局做好转电准备、变电前往现场查看，并将情况告知客服。

➢ 21：53，JW 站 10 kV 1M 接地信号短时复归后，再次出现，通知变电。

➢ 22：01，JW 站 10 kV 1M 线电压幅值（ab）越事故下限 6.041<10.050、10 kV 1M 线电压幅值（ca）越事故下限 6.041<10.050，当值怀疑是 PT 故障，再次通知变电。

➢ 22：41，JW 站现场检查，怀疑 PT 一次保险熔断，无法确定 PT

本体有无故障，需停母线处理。

➤ 22：46，当值下令 JW 站断开 #1 主变变低 501 开关、L01 开关、ST1 开关，#1 站用变负荷转 #2 站用变代供，51PT 由运行转检修。

➤ 23：51，JW 站合上 521 开关，10 kV 1M 停电馈线已恢复送电（已无用户受影响），合上 L01 开关、ST1。

➤ 08：41，变电报：51PT 需更换，班组正在找备品。

➤ 15：48，ZJ 中心站报 51PT 无备品，需联系厂家更换，预计处理时间未定。此时 110 kV JW 站 #2 主变供 10 kV 1M、2AM、2BM 负荷，#3 主变供 10kV 3M 负荷，若 #2 主变变低开关跳闸将造成 10 kV 1M、2AM、2BM 失压。已令变电加强巡视、监管，让区局做好事故预案。

案例二：2016 年 8 月 11 日 110 kV HP 站 10 kV 2M 电压互感器 52APT 保险熔断

处理过程：

➤ 22：36，通过 SCADA 监测到 HP 站 10 kV 2AM 电压异常波动，当值怀疑为 52APT 异常。

➤ 23：00 现场报：10 kV 2AM 母线电压正常，10 kV 2AM A 相电压偏低，为 5.3kV，申请 52APT 转检修检查。

➤ 23：34，将 10 kV 52PT 由运行转为检修，二次负荷转由 51PT 供电，10 kV 2AM 负荷转由 #1 主变供电，2BM 负荷转由 #3 主变供电。

➤ 00：30，现场检查故障原因为电压互感器 52APT A 相保险熔断。

➤ 00：52，现场更换保险后，10kV 52APT 由检修转运行，二次负荷恢复52APT供电。10kV母线恢复正常运行方式。

案例三：2016 年 5 月 21 日 110 kV GL 站 10 kV 4M 电压互感器 54PT 击穿处理

处理过程：

➢06：59，SCADDA 监测到"GL 站 #4 主变保护屏低后备装置异常、10kV 4M 计量 PT 断线动作"信号，并将此信号通知 PC 中心站到站检查。

➢08：07，GL 站到站，报现场检查为 #4 主变保护屏继电器故障。

➢11：19，GL 站报：现场检查 F48 鸽湖线、F54 横松线（空载线路），零序电压偏高，存在接地，申请断开开关。当值断开 F48、F54 开关后信号未复归，当值送回 F48、F54 开关。

➢15：36，继保现场检查，GL 站报：该信号可能为直流两点接地，需将 PT 转检修处理。

➢16：06，GL 站 10 kV 54PT 由运行转检修。

➢17：46，现场检查为 54PT 避雷器被击穿，已对避雷器进行了更换，现申请 10kV 54PT 由检修转运行。

➢18：56，10kV 54PT 恢复送电后，异常信号依然存在，又重新将 54PT 转为检修。

➢23：42，GL 站报：确认 54PT 本体故障。F46、F56 已全线转电，F46、F48、F54、F58 为空载线路，当值核查可能导致转入线路（DF 站 F14、TF 站 F61）过载，已令区局提前做好转电预案。

➢23：49，当值遥控断开 F44、F46、F48、F54、F56、F58 开关，#4 主变变低 504 开关由运行转热备用。

➢GL 站报：54PT 本体被击穿，暂无备品，待备品到来再进行处理，处理时间不定；F46、F56 已全线转电，F46、F48、F54、F58 为空载线路，转入线路（DF 站 F14、TF 站 F61）会过载，已通知区局提前做好转电预案。

案例四：2016 年 4 月 23 日 110 kV LL 站 #2 主变变高 1102 开关 CT 放电处理

处理过程：

➢ 12：48，LL 站 #3 主变进行检修工作时发现 #2 主变变高 1102 开关 CT 有放电现象，需紧急处理，停电需将全站负荷转供至 #1 主变，已通知区局相关风险，通知变电做好对 #1 主变的巡视工作。

➢ 13：10，LL 站 #2 主变由运行转冷备用，10 kV 2M 负荷转 #1 主变供（全站负荷均由 #1 主变供）。

➢ 14：32，LL 站 #2 主变变高 1102 开关 CT 放电故障处理完毕，LL 站 #2 主变由冷备用转运行，10 kV 2M 恢复正常方式。原因为 #2 主变变高 1102 开关 CT 引线绝缘老化放电。

案例五：2013 年 7 月 10 日 110 kV GC 站 #1、#2 主变变低 501、502A 开关 CT 采样出错处理

处理过程：

➢ 18：08，GC 站 #1 主变变低 501 开关、#2 主变变低 502A 开关 CT 采样出错，合上 502B 开关，断开 502A 开关。检查 502B 开关 CT 采样正确。现场申请由 502B 开关带变低负荷。

➢ 19：30，GC 站 #2 主变变低 A 分支 502A 开关由热备用转冷备用，处理变低开关 CT 采样出错的缺陷。

➢ 7 月 11 日 16：33，变低开关 CT 采样出错的缺陷处理完毕，GC 站 #2 主变变低 A 分支 502A 开关由冷备用转运行，502B 开关由运行转热备用。

➢ 7 月 12 日 11：43，GC 站 #1 主变变低 501 开关由运行转冷备用，

10 KV 负荷转由 #2 主变供。

➤ 7 月 12 日 16：37，GC 站报：经检查为 501 开关 C 相 CT 内部故障，需要更换暂无法送回，501 开关保持冷备用。待专业检修人员与厂家联系后确定修复时间。

➤ 7 月 13 日 15：34，GC 站将 #1 主变由充电运行转冷备用，501 开关由冷备用转检修。现场在更换变低 501 开关的 CT。

➤ 7 月 13 日 19：05，GC 站 #1 主变由冷备用转为运行，变低 501 开关由检修转为运行，10 kV 负荷恢复正常运行方式。

5.5.2　历史数据分析

统计 2010 — 2017 年的电压互感器故障、缺陷数据，共 275 起，总结分析其原因如下：

（1）消谐器告警，总计 111 起；

（2）PT 断线，总计 136 起；

（3）PT 故障，总计 38 起。

上述各故障原因导致故障占电压互感器总故障事件数百分比如图 5-3 所示。

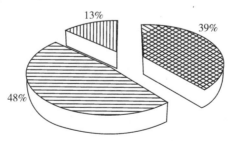

图 5-3　电压互感器故障原因占比图

统计 2010 — 2017 年的电流互感器故障、缺陷数据，共 7 起，总结分析其原因如下：

（1）CT 放电 1 起；

（2）CT 发热 2 起；

（3）CT 断线 1 起；

（4）CT 内部故障 1 起；

（5）CT 套管渗油 2 起。

上述各故障原因导致故障占电流互感器总故障事件数百分比如图 5-4 所示。

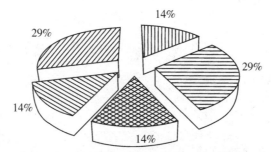

图 5-4　电流互感器故障原因占比图

第6章　电缆沟

6.1　电缆沟火灾及其危害

　　电缆沟是按设计要求开挖并砌筑，沟的侧壁焊接承力角钢架并按要求接地，上面盖以盖板的地下沟道。它的用途就是敷设电缆的地下专用通道。电缆沟着火，顾名思义，就是由于电缆过电流运行导致过热自燃、电缆头制作不良导致局部过热、电缆相间距离不足在过电压作用下产生弧光着火等，造成电缆沟发生火灾（见图6-1）。

图6-1　电缆沟多条电缆因着火受到损坏

电缆沟火灾具有蔓延快、火势猛、抢救难、损失大、修复困难的特点：①火灾发生初期难以发现；②发烟量大且燃烧产物有毒；③管道井空隙多，助长火势蔓延；④场地复杂，火灾扑救难度较大；⑤损失严重，影响范围广，扑救不及时可能造成事故。

6.2 案例分析

案例一：2013 年 5 月 24 日 11 0kV FH 站站外电缆沟着火事件

处理过程：

➢11：37，SCADA 出现 FH 站 10kV 1M 接地。

➢11：40，SCADA 出现 FH 站 10kV 3M 接地。

➢11：41，当值选切 FH 站 F07（空载），F03（空载），接地信号没有复归，通知 XS 中心站到站检查。

➢11：42，FH 站 F21 嘉隆线线路跳闸，10 kV 1M 接地信号复归。10kV 3M 接地信号依然存在。当值意识到有可能是电缆沟有问题，立即通知区局查线并查询与 F21 同沟线路。

➢11：52，区局报：站外福永大洋田路电缆沟着火，火势很大，消防队正在组织灭火。当值令其立刻核对电缆沟线路情况。并将消息通知到客服、总值班室。

➢11：55，FH 站 F55 凤泰线线路跳闸，11：58，FH 站 F47 凤西二线线路跳闸，10kV 3M 接地信号复归。将故障信息通报给部门领导，并让区局尽快核对同沟电缆情况。

➢12：27，FH 站 10 kV 3M 接地，同时 FH 站 F05 凤安线、F44 稳山线、F49 凤洋线、F62 凤村线、F07 凤白线、F57 先进线、F17 稳田线 7 条线路在五分钟内先后跳闸，10 kV 3M 信号依然存在，当值询问站内是否选线装置选出接地线路，FH 站报未选出且同时汇报调度 3M 接地比较死，当值立即选切 FH 站 F43、F45、F51、F63、F65、F53，10kV 3M 信号复归。当值调度要求区局尽快将同沟电缆情况汇报调度。

➢ 12：30 — 12：38，区局报同沟电缆有 21 回。当值调度总共断开 FH 站线路 17 回（F43、F45、F51、F63、F65、F53、F09、F60、F15、F25、F24、F46、F04、F14、F11、F13、F10），告知客服，并短信通知给部门领导。

➢ 12：40，YA 站 F10 线路跳闸，经客服确认该线路也在同一电缆沟内。

➢ 12：50，区局报 YA 站 F15 也属同沟电缆，申请断开 YA 站 F15 站内开关，当值同意配合断开站内开关。

➢ 13：00，受停电影响的线路有 29 条，包括 FH 站 27 条线路和 YA 站 2 条线路。其中电缆沟着火造成线路跳闸有 11 条（FH 站 10 条，YA 站 1 条）；当值切开站内开关 18 条（FH 站 17 条，YA 站 1 条），其中 YA 站 F15 为区局申请断开站内开关。

➢ 14：12，SJ 所确认 FH 站 F63、F65 为其所管辖线路，这两条线路不在着火电缆沟内，为 3M 接地时选切线路。站外检查没有问题，当值合上站内开关，F63、F65 全线复电。

➢ 14：57，FH 站 F15、F43、F45、F46、F51、F53、F04、F47 共 8 条线路站内开关送电。

➢ 15：57，经区局确认，FH 站 F15、F43、F45、F46、F51 线路不在故障电缆沟内，全线恢复送电。

➤ 18：25，FY 所报：FH 站 F4、F47、F9、F44、F62 及永安站 F10 已全线复电（包括转电）。其他线路正在安排转电。

➤ 17：06，17 条馈线未送电，其中 7 条馈线为用户专线，无法转供，另外 10 条馈线正在转电中。并将复电信息通知给部门领导、客服。

➤ 17：16，有 16 条馈线未送电，其中 7 条馈线为用户专线，无法转供，另外 9 条馈线正在转电中。其余馈线均全线复电。并将复电信息通知给部门领导、客服。

➤ 17：58，有 14 条馈线未送电，其中 7 条馈线为用户专线，无法转供，另外 7 条馈线正在转电中。其余馈线均全线复电。用户专线已安排先自行发电，属用户资产的线路已邀请用户到现场协商处理。并将复电信息通知给部门领导、客服。

➤ 18：33，有 11 条馈线未送电，其中 7 条馈线（F13、F14、F21、F24、F25、F55、F57）为用户专线，无法转供，另外 4 条馈线（F10、F17、F49、F60）正在转电中。其余馈线均全线复电。并将复电信息通知给部门领导、客服。

➤ 19：08，有 7 条馈线未送电，其中 6 条馈线（F13、F14、F21、F24、F55、F57）为用户专线，无法转供，另外 1 条馈线（F10）正在转电中。其余馈线均全线复电。F49 部分转供电。并将复电信息通知给部门领导、客服。

➤ 19：22，FY 所报：FH 站 F10 风恒线不具备转供电条件，待故障抢修后再恢复送电。

➤ 次日 00：15，FH 站 F13 广泽线由检修转运行。

案例二：2013 年 5 月 16 日 220 kV FJ 站站外电缆沟着火事件

处理过程：

➤ 02：43，FJ 站 F45 天德线跳闸。

➤ 03：54，SG 所报：断开第一级环网柜天德环网柜#1开关，前段为主电缆，查无异常，申请试送站内开关。

➤ 03：55，FJ 站 F45 天德线试送失败，同时 F43、F53、F03、F55、F41、F51 跳闸重合不成功。当值立即通知 SG 所 FJ 站站内 7 条线路开关跳闸情况，强调需重点检查电缆沟故障，并将相关信息通知客服、总值班室。

➤ 04：25，经调度询问，SG 所报站外有电缆沟着火，正在灭火。

➤ 05：04，SG 所报：电缆沟着火点位于沙圃工业园的主电缆沟内，距离 FJ 站约 500 米，沟内共有 17 条电缆。当值要求其尽快查明哪些线路在同一电缆沟里。

➤ 05：23，SG 所报从 FJ 站 F59 站外开关跳闸起，F59、F02、F10、F17、F18、F49、F57 共计 7 条线路站外开关陆续跳闸。

➤ 06：08，当值调度断开 FJ 站 F01、F17、F20 开关。

➤ 07：15，FJ 站 F59、F17、F08 全线转供电。

➤ 08：57，目前已确认着火电缆沟内共有 17 回电缆，其中 7 回线路站内开关跳闸（F03、F41、F43、F45、F51、F53、F55），6 回线路由当值调度断开站内开关配合故障处理（F01、F04、F08、F15、F17、F47），4 回线路由 SG 所断开站外开关（F02、F18、F49、F59）。无重要用户受影响。

➤ 08：59，FJ 站 F01 由冷备用转为运行，线路恢复送电。

➤ 09：20，FJ 站 F04、F47、F49、F51、F45、F53 全线转供电。

➢16：35，FJ 站 F15、F41 、F45、F03 、F51、F43、F53 、F55、F47 由冷备用转为运行，线路恢复送电，至此 FJ 站 17 条受影响线路已全部恢复供电（送电或转电）。

案例一 FH 站与案例二 FJ 站电缆沟着火事件对比：

1. 基本信息

表 6-1　FH 站和 FJ 站基本信息对比

	发生时间	接地方式	电缆沟电缆条数	是否投重合闸	线路是否立即跳闸	同沟电缆确定时间
FH 站	11：37	消弧线圈	19	是	否	4 小时
FJ 站	03：55	消弧线圈	17	是	是	3.5 小时

2. 事件发生

FH 站 10kV 1M、3M 同时接地，F21 跳闸后 1M 接地信号消失，F55 跳闸后 3M 接地信号消失，随后接地信号再次出现，同时 8 条线路同时跳闸；DJ 站 F45 跳闸，区局报主电缆没问题，断开站外第一级环网柜进线开关，试送失败，另有 6 条线路同时跳闸。

3. 处理思路

在两个事件中，调度员的处理思路基本一致，通知站内到现场检查站内设备、通知供电所立即到达现场灭火并确定同一电缆沟内电缆的条数和具体线路名称（双重编号）及是否有重要用户受影响，通知客服、总值班室、短信通知部门领导；确定同沟线路后对其进行隔离、安排供电所对线路进行转供电或复电、对线路进行紧急抢修与区别。

4. 暴露问题

（1）资料不全与不准确，调度员无法快速掌握现场情况。在 FH 站站外电缆沟事件处理过程中，区局报过 20 条线路在同沟中，电话中每个人说法不一，无法达到最终的统一；FJ 站站外电缆沟事件处理过程中，03：55 多条线路同时跳闸，同时当值调度明确要求应确定电缆沟中线路情况，直到 08：57 供电所才最终确定电缆沟中线路具体情况，经历了 5 个多小时，这样不准确、不及时的数据，给调度员的指挥工作带来了极大困难。

（2）现场工作人员电话经常打不通，给调度工作带来了巨大麻烦。在 FH 站与 FJ 站站外电缆沟事件故障处理过程中，都发生过电话打不通的情况，这严重违反了调度纪律，致使当值调度不能快速获得相关信息，阻碍当值调度判断与了解现场具体情况。

（3）现场无统一人员与调度员沟通，调度员无法了解现场真实情况。在 FH 站站外电缆沟事件处理故障过程中，发生多人与调度台联系的情况，每个人掌握的情况也不尽相同，并且都不能完全掌握现场所有即时情况，提供给当值调度的信息混乱不清，影响当值调度判断及事件处理进度。

5. 反思

在 FH 站与 FJ 站站外电缆沟事件前期处理过程中，调度员都是比较被动地指挥、指导事件处理工作，通过在事件处理过程中发现的问题，当值调度应思考在今后的事件处理过程中怎样起主导作用。

（1）区局、供电所要将自己分管的片区基础数据做细、做实，信息必须准确无误，在需要相关信息时，能及时、准确地给出具体数据，当值调度能通过及时、准确的基础数据判断事件并给出具体的指令，指挥相关人员进行现场操作；

（2）各区局、供电所配备专门针对调度电话（目前 LH 局、FT 局、NS 局、PS 局已配备），此部电话应 24 小时待机，放在值班负责人手中，仅限与当值调度进行联系，方便与调度进行各种业务沟通，防止发生类似事件时，调度不能打通现场电话，影响事件的处理与命令的下达；

（3）现场应该有统一的指挥人员与调度进行联系，现场所有的情况指挥人员都应清楚了解，并对现场的安全负责，起到统一听从调度指挥、统一指挥现场工作人员工作、统一报送相关信息的作用，使当值调度能准确了解情况，迅速做出反应，并将指令准确无误地传达给现场工作人员，快速消除故障，恢复供电；

（4）现场报送信息要严格按照调度规程执行，将现场设备情况第一时间报送调度，并在处理重大事件过程中定时、主动向调度报送信息，只有这样，当值调度才能及时掌握情况，及时提出解决问题的办法，及时处理故障；

（5）当现场处理思路不能与调度一致时（在 FH 站与 FJ 站站外电缆沟事件处理故障过程中，现场处理思路是首先隔离故障，然后对故障电缆进行抢修，最后对停电用户恢复供电），除对危及人身和设备安全的情况可按现场规程处理外，其他操作都应严格遵循调度令执行，遵循迅速隔离故障、评估故障处理时间、对用户恢复供电、处理故障的原则进行故障的处理；

（6）在 FH 站站外电缆沟故障处理过程中，客服曾通知区局有人报料有着火情况，但未通知调度，客服应在接到用户或 110 的电网存在重大风险报料时，将相关信息告知调度，有利于调度掌握电网风险的报料，判断事件发生发展情况。

6.3　小结

近年来，随着深圳配电网规模的扩大和负荷的攀升，深圳电网发生电缆沟着火导致沟内敷设的多条电缆受影响从而紧急停电的事件越来越多。自 2004 年 1 月 1 日起至 2016 年 8 月 1 日，深圳电网 10kV、20kV 电缆沟着火共计 11 次，且 2012 年多达 3 次。将这些事件进行对比分析，有助于提升调度员处理电缆沟着火这类紧急事件的经验和能力。表 6-2 作为配网调度运行基础资料存档并不定期修编，可供调度员参考，也可作为相关部门完善改进电缆沟施工设计的参考和数据支持。

表 6-2　电缆沟着火等紧急事件总结

序号	时间	单位	变电站	事件简介	事件总结
1	2004-10-01	BA 局	LH 站、LT 站、DL 站	2004 年 10 月 1 日中午，深圳市龙华工业大道南城百货商场门前路段电缆沟内电缆起火燃烧，12：41，LH 站 10 kV 3M 出现接地信号，之后 LH 站、LT 站、DL 站共计 25 回 10 kV 馈线跳闸或切开关，损失约 3 万千瓦负荷	电缆敷设密集、电缆绝缘老化、节假日期间电压偏高

（续上表）

序号	时间	单位	变电站	事件简介	事件总结
2	2008-03-06	NS局	NT站、GX站、GM站	2008年3月6日22：10，NT站F55跳闸，之后NT站及GX站5条Fe跳闸，NT站502开关跳闸10 kV 2M失压，总计影响17条Fe	在南海立交处电缆被盗后引起电缆沟着火
3	2009-10-10	BA局	TF站	2009年10月10日00：23，220 kV TF站多条10 kV线路陆续出现接地故障，当值判断电缆沟有问题，经检查发现TF站外1km处电缆沟着火，总计影响20条Fe	当值根据以前经验判断为电缆沟多条线路着火或被盗故障，为供电所查找故障点提供了正确的指引
4	2009-10-23	LG局	QL站	2009年10月23日中午，LC所报QL站电缆沟着火，14：03当值将QL站F3龙中线、F12玫瑰园线、F41岗背线、F49区政府线紧急停电	此次着火发现较早，因及时停电处理未造成太大影响
5	2011-08-23	BA局	GL站	2011年8月23日07：20，BC所发现GL站电缆沟着火，申请切开GL站共17条Fe	此次电缆沟着火事件正值深圳大运会期间

（续上表）

序号	时间	单位	变电站	事件简介	事件总结
6	2012-01-06	GM局	ZM站	2012年1月6日18：03，ZM站F55接地跳闸；20：14，GM局查线时发现ZM站外电缆沟着火，当值调度切开ZM站13条处于该电缆沟线路配合灭火抢修	ZM站F55跳闸后未能第一时间找到主电缆故障处，调度对外信息发布需规范统一
7	2012-02-05	FT局、LH局	SB站	2012年2月5日11：15开始，SB站两条线路跳闸，经查线发现电缆沟着火并及时扑灭	发现较早，影响范围未扩大
8	2012-07-23	FT局、LH局	TXL站、SB站、GC站	2012年7月23日14：35，因深南路和上步路十字路口东南侧电缆沟着火，TXL站、SB站、GC站共8条Fe陆续跳闸，另有两条线路严重受损，涉及重要用户。事后查明起火原因为，电缆沟内敷设的交通信号灯控制装置的低压电缆中间接头受暴雨影响短路起火后，导致同沟敷设的通信光缆和高压电缆着火	此次电缆沟着火事件发生在市中心区，并波及一些重要用户，影响较大。区局报送调度信息不及时、不准确，影响当值调度对外发布信息

（续上表）

序号	时间	单位	变电站	事件简介	事件总结
9	2013-05-16	BA局	FJ站	2013年5月16日02：43，FJ站F45天德线跳闸，随后FJ站F43、F53、F03、F55、F41、F51跳闸，均重合不成功，经查线发现电缆沟着火并及时扑灭	发现较早，影响范围未扩大
10	2013-05-24	BA局	FH站	2013年5月24日11：37，SCADA出现FH站10 kV 1M接地信号；11：40，SCADA出现FH站10 kV 3M接地，随后FH站多条线路跳闸，经查线发现站外福永大洋田路电缆沟着火，火势很大	当值根据以前经验判断为电缆沟多条线路着火或被盗故障，为供电所查找故障点提供了正确的指引
11	2016-01-21	NS局、BA局	LXD站、XL站	2016年1月21日14：52，NS局发现LXD站站外电缆沟着火，影响线路共计39条，其中NS局36条（跳闸LXD站17条，配合切站内开关19条，其中LXD站18条，XL站1条）；BA局3条（配合切站内开关，LXD站3条）	此次电缆沟着火事件发生在市中心区，并波及一些重要用户，影响较大

结合以上电缆沟着火事件处理，总结可供调度员今后借鉴的经验：

1.加强信号监视，第一时间发现跳闸并及时通知区局（供电所）及变电站

"8·23 GL 站事故"和"2·05 SB 站事故"有一个共同点，那就是刚开始只是其中一条 Fe 故障跳闸，过一段时间后同沟的其他电缆才开始跳闸，且都有多条电缆受损。"1·06 ZM 站事故""1·28 TM 站事故"由于火情发现、处理得及时，电缆沟里其他电缆没有受损。从这里可以看出，及时发现电缆沟着火并迅速将火扑灭可以减小事故影响范围，降低设备及电费损失。这就要求调度第一时间发现线路跳闸，并及时通知相应的设备运维部门。

2.接到电缆沟着火的消息以后，第一时间敦促火情报告人员联系消防队灭火并及时做好灭火的准备工作

如果是区局（供电所）发现火情，那么调度要及时要求其联系消防队灭火。同时，调度还要与其确认着火电缆沟里面都有哪些线路，然后将同沟的这些线路全部切掉。这样做的目的是确保灭火人员灭火时的安全，假如同沟里面有带电线路在消防人员灭火时发生单相或多项接地，跨步电压将有可能给消防人员带来致命伤害。

假如是变电站的同事先到站并发现了火情，那么调度要及时要求其通知消防队灭火。同时，调度要尽可能准确地获得着火点的位置，有了准确的位置，区局（供电所）的同事才能以最快的速度赶到现场，调度才能与其确认着火的电缆沟有哪些线路。

在与区局（供电所）人员确认着火电缆沟里面有哪些电缆时要注意：一些去现场的人员对着火电缆沟里面到底有哪些线路并不清楚，这个时候一定要求其联系班长确认，防止漏掉某条线路而造成人员

伤亡。

3. 火扑灭以后，第一时间要求区局（供电所）人员确认电缆沟里受损情况

对于经确认没有故障的线路，立即恢复其供电，对于经确认有故障的线路，立即组织其转电。这里有两个需注意的地方：一是在确认着火电缆沟里的电缆是否有问题时，一定要区局（供电所）人员核实准确，必要时要遥测线路绝缘，避免送电时再跳或者再次使电缆沟着火；二是在转电时要区别对待，对于那些为配合灭火而被切掉的线路，可以直接转电，而对于火灭之前已经跳闸的线路，还需确认被转部分没有问题。

4. 在事故处理的各个阶段，第一时间将信息向相关人员汇报

切完所有需要停电的线路，做好灭火的准备之后，应及时将所有停电线路名称、停电时间、影响范围、区局（供电所）人员是否就位、变电站人员是否就位、消防队是否就位等情况汇报领导。火灭之后，应及时将线路受损情况、用户复电情况、引起电缆沟着火的原因等发布给相关部门。

第7章 主网典型事故事件

7.1 "2016年6月28日" GL-BC 孤网事件

1.事件前片网运行方式

➤ 110 kV BC 电厂两套机组运行（#5#6、#7#8），110 kV 母联 1056 开关断开，110 kV 5M、6M 分列运行。

➤ 110 kV GL 站、DSK 站及 BC 电厂 110 kV 6M（#6汽机、#7燃机）挂 YX 网运行；

➤ 110 kV YF站及BC电厂110 kV 5M（#8汽机、#5燃机）挂JH网运行。

事件前片网运行方式示意图见图7-1。

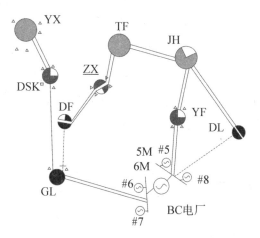

图7-1 事件前片网运行方式

2. 事件后片网运行方式

➤ 110 kV GK 线线路两侧开关跳闸，DSK 站侧重合成功、GL 侧开关重合未动作。

➤ 110 kV GL 站与 BC 电厂 110 kV 6M（#7 燃机）孤网运行。

事件后片网运行方式见图 7-2。

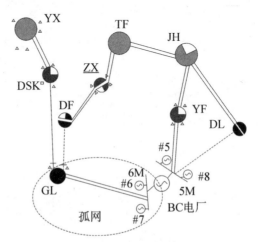

图 7-2　事件后片网运行方式

3. 处理过程

➤ 6 月 28 日 08：00，深圳部分地区出现雷雨天气。07：50—08：13，深圳电网短时间内共 7 条线路跳闸，其中 550 kV 线路 1 条次、220 kV 线路 2 条次、110 kV 线路 4 条次。

➤ 08：13，110 kV GK 线线路两侧开关跳闸，DSK 站侧重合成功、GL 侧开关重合未动作。

➤ 08：14，110 kV BC 电厂 #6、#8 汽机跳闸、#7 燃机甩负荷至 37MW，110 kV GL 站与 BC 电厂 110 kV 6M（#7 燃机）孤网运行，孤网频率为 49.1Hz。

➤ 08：15—08：19，当值主网调度查看 SCADA 潮流图，确认 GL 站与 BC 电厂 6M 孤网运行，下令 BC 电厂增加机组出力，做好电压频率调整，一旦满足同期条件立即合上母联 1056 开关，将 BC 电厂 6M 并入系统。

➤ 08：23，增加 BC 电厂 #7 燃机（挂 6M）出力至 80MW，孤网频率为 49.3Hz，仍不满足同期合闸条件。

➤ 08：24—08：28，主网调度采取紧急事故限电，严控 GL 电网负荷，配网配合迅速逐条切除少量负荷。经配网快速拉开 GL 站 4 条 10kV 线路（约 15MW）后，孤网频率恢复至 49.9Hz，满足同期合闸条件。

➤ 08：29，同期合上 BC 电厂 110 kV 母联 1056 开关，GL 孤网与主网成功并网，避免 GL 站失压电网三级事件。

➤ 08：30，配网调度经主网调度许可，恢复 GL 站限电负荷。

➤ 08：32，主网调度下令 BC 电厂将 #6、#8 汽机并网。

➤ 09：07，GL 站合上 110 kV GK 线 1525 开关，BC 电厂断开 110kV 母联 1056 开关，GL 站恢复正常运行方式。

本次事件中，配网当值调度按照《超计划限电序位表》，快速控制 GL 站负荷，为 GL 孤网与主网成功并网争取了时间，避免 GL 站失压电网三级事件。

7.2　"2016 年 8 月 25 日" 110 kV JG Ⅱ 线跳闸事件

1. 事件前片网运行方式

➤ 配合 ZH 站 #3 主变检修，一次方式调整：TM 站 #1 主变、#3 主变转 BX 线（BH 网）供；HQ 站 #2 主变、#3 主变转 QG 线（JM 站 #2 主变）

供。二次保护调整：一次方式变更后，确认TM站110 kV备自投装置在投入状态，其充电方式与一次方式一致；确认GX站、HQ站110 kV备自投装置在投入状态（强制进线备投功能已投入），装置放电；确认SG站QG线线路保护：接地距离Ⅱ段时间、相间距离Ⅱ段时间、零序过流Ⅱ段时间为0.05s。

➤110 kV GC站#2主变、110kV SG站全站、110 kV HQ站#2主变、#3主变通过110kV JG Ⅱ线由JM站片网供电。

➤110 kV HQ站#1主变通过110 kV ZQ Ⅰ线由ZH站片网供电（见图7-3）。

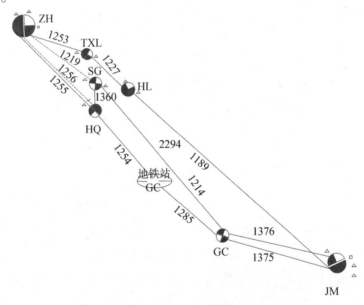

图7-3　ZH站片网接线图

2.事件后片网运行方式

➤110 kV JG Ⅱ线两侧开关跳闸。

➤110 kV SG站110 kV备自投动作，断开110 kV GG线和QG线

SG 站侧开关，合上 110 kV ZG 线 SG 站侧开关，110 kV SG 站全站转由 ZH 网供。

> GC 站 110 kV 2M、HQ 站 110 kV 2M 失压。

3. 事件处理过程

> （主网）14：23，110 kV JG Ⅱ线两侧开关跳闸，110 kV SG 站 110 kV 备自投动作，断开 110 kV GG 线和 QG 线 SG 站侧开关，合上 110 kV ZG 线 SG 站侧开关，110 kV SG 站全站转由 ZH 网供。事故造成 GC 站 110 kV 2M（站内 10 kV 备自投成功，无负荷损失）、HQ 站 110 kV 2M 失压（10 kV 2AM 通过备自投转由 #1 主变供，10 kV 2BM、3M 失压）。

> 14：29，遥控断开HQ站10 kV #2接地变D02开关、GC站10 kV #2接地变D02开关。

> （主网）14：30，通知配网调度断开 HQ 站 #2 主变变高 1102 开关、#3 主变变高 1103 开关。

> 14：30，遥控断开 HQ 站 #3 主变变高 1103 开关、#3 主变变低 503 开关、#2 主变变高 1102 开关、#2 主变变低 502B 开关。

> （主网）14：32，遥控断开 110 kV QG 线 HQ 站侧开关。

> （主网）14：33，遥控合上 110 kV ZQ Ⅱ线 HQ 站侧开关，HQ 站 110 kV 2M 复电正常，通知配网调度恢复 HQ 站内失压负荷。

> 14：35，主网遥控合上 110 kV ZQ Ⅱ线 HQ 站侧开关后，配网调度遥控合上 #3 主变变高 1103 开关、#3 主变变低 503 开关、母联 532 开关（10 kV 2BM、3M 复电）。

> 14：58，主网遥控合上 HQ 站母联 1012 开关后，配网调度遥控

合上#2主变变高1102开关、#2主变变低502A开关、#2接地变D02开关。

➤15：09，配网调度遥控执行断开HQ站母联521开关，遥控执行合上HQ站#2主变变低502B开关，遥控执行断开HQ站母联532开关，主网遥控执行断开HQ站母联1012开关，HQ站10kV负荷恢复正常运行方式。

➤15：10，110 kV SG站ZH站#2主变过载，需要紧急限电。

➤15：53，按照事故限电序位表，配网调度切除TXL站F20、HQ站F01、F07、F17、F43、F53六条线路，共限电24 MW。

➤16：58，负荷逐渐下降，配网调度逐步恢复六条线路送电，将相关信息通知区局、客服、总值班室。

4. 事件处理经验总结

（1）在事件处理过程中，若有10 kV备自投动作，要注意接地装置，当两条10 kV母线接地装置均为接地变时，要切除备投母线上的接地变。若接地装置为消弧线圈，则不作要求，让现场核实容流情况。

（2）在主变复电时，若要操作主变变高开关，要注意合上主变变高中性点地刀，防止操作过电压。

（3）在厂站告警设置中，可以通过不使用本机责任区条件查询来查看主网保护及操作信号。

5. 突显问题与对应处理措施

（1）在此类主网线路跳闸处理过程中，配网调度员无法查看主网跳闸的情况（大屏幕往往被信号刷屏），只能通过查看配网信号反推故障情况，难以像主网一样第一时间做出分析。可探讨在SCADA中设置模块显示主配网重要的分闸信号，方便配网进行分析处理。

（2）纸质接线图难以反馈目前运行方式，在遇到线路跳闸时只能通过点进一个个站查看的方式来分析，效率低下且逻辑不清晰，存在一定的风险。可应探讨如何能在接线图中更好地体现分列运行方式（包括线路投退运、母线分并列、线路所挂母线等信息）。

（3）区局掌握敏感用户信息，可探讨是否要求在 SCADA 中体现，防止调度台遇到未标识的敏感用户而措手不及。

7.3　"2013 年 4 月 20 日" 110 kV CF 站停电事件

1. 事件简述

4 月 19 日 23：00，为了减轻深圳主变负载，调度执行编号为 201304131552 的方式单，计划将 220 kV LH 站 #1、#3 主变和 110 kV LF 站 #1 主变由省网转港电供。

4 月 20 日 00：56 调度执行至第二项 "确认 CF 站 110 kV 母线方式如下：110 kV 1M：LC 线、FC 线、#1 主变；110 kV 2M：其余 110 kV 设备" 时，SCADA 发出 "全站事故总信号" "全站失压告警" "380 V 站用电源装置故障" 等信号。后经确认，110 kV CF 站全站失压。电网共损失负荷 17.55MW，三个重要用户受影响。

2. 事件前运行方式

CF 站 110kV 并列运行，由 JC Ⅰ 线供全站负荷。JC Ⅰ 线挂 110 kV 1M 运行，LC 线、FC 线热备用于 110 kV 1M。#1 主变挂 110 kV 1M 运行，#2 主变挂 110 kV 2M 运行。110 kV CF 站 #1 主变带 10 kV 1M 运行，#2 主变带 10 kV 2M 运行（见图 7-4）。

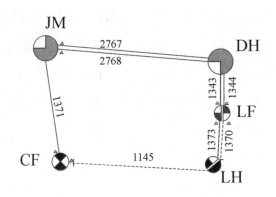

图 7-4 CF 站片网接线图

3. 事件发生及处理过程

➤00：56，CF 站发出全站失压信号，并发生多条相关信号。

➤01：02，调度遥控断开 CF 站 #1 主变变低 501 开关、#2 主变变低 502 开关。

➤01：03，经查询 CF 站所供重要用户有四个，通知区局核实重要用户受影响情况。

➤01：06，调度遥控断开 CF 站 #1 主变变高 1101 开关、#2 主变变高 1102 开关。

➤01：10—01：20，CF 站 F23、F08、F09、F21 全部负荷由用户自行完成转供电。

➤01：20—01：50，CF 站 F07、F12、F13、F14 全部负荷由区局完成转供电。

➤01：30，经区局核实，CF 站 F01（某重要用户线路）用户自己操作转电、F15（某重要用户线路）区局正前往进行转电操作、F22（某重要用户线路）是备供电源，用户未受影响；F24 用户备自投设备动作完成转电。

➤02：00，CF 站 F15、F16 全部负荷由区局完成转供电。

➤02：00，调度遥控断开 10 kV 2M 上所有 Fe 开关，并计划利用 CF 站 F18 同 LH 站 F41 的联络对 CF 站 10 kV 2M 充电）

➤02：00，重要用户线路 CF 站 F15 转 LH 站 F53 供。至此，CF 站所有重要用户均已完成转电，恢复正常供电。

➤02：10，合上庐山大厦A座#9开关。由LH站F41倒送CF站F18供 CF站10 kV 2M，极大程度地加快了110 kV CF站站用电及负荷恢复。随后，合上CF站F02、F20站内开关，送电正常。

➤02：10—02：18，CF 站 F25、F03、F10、F26 全部负荷转供电。

➤02：18，调度遥控断开 10 kV 1M 上所有 Fe 开关（计划利用 CF 站 F11 海丰苑组网线与 YG 站 F06 海丰苑工行线的联络对 CF 站 10 kV 1M 充电）。

➤02：30，CF 站将 #1 主变、#2 主变及变高、变低开关由热备用转冷备用，配合检查 110kV 母线。

➤02：40，CF 站 F17 全部负荷转供电。

➤02：53，转供电：合上海丰苑开闭所组网环开#2开关，由YG站 F6经CF站F11倒供CF站 10 kV 1M。

➤03：25，110kV LC 线送电，CF 站 110 kV 1M 复电。

➤03：27，将 CF 站 #1 主变、#2 主变转充电运行，变低转为热备用状态。

➤03：42，断开 CF 站 F11 开关，合上变低 501 开关，10kV 1M 恢复 #1 主变供。之后，合上除 F11 外所有 10 kV 1M 上的馈线。

➤03：46，断开海丰苑开闭所组网环开 #2 开关，合上 CF 站 F11 站内开关。

➤ 03：46，遥控断开 CF 站 F18，合上 CF 站 #2 主变变低 502 开关，10kV 2M 负荷恢复 #2 主变供。

➤ 03：51，已通知客服、总值班室：所有用户已恢复送电。

➤ 04：06，断开汝南公司环网柜 #1 开关，合上 CF 站 F18 开关。

➤ 04：30—05：00，CF 站 F30、F17、F25、F08 全部负荷陆续转回。

4. 事件分析及思考

（1）本次事件中，配网调度第一时间对 CF 站内重要用户进行核查并组织转供电，第一时间恢复重要用户的供电。

（2）配网调度同时指令区局进行转供电操作，并且安排变电和区局配合调度展开 10 kV 馈线倒充母线的操作。最大限度地加快了变电站及用户的复电进程。本次事件中，利用 10kV 馈线倒充母线的操作使 CF 站复电的速度至少加快了 1 小时 15 分钟。

（3）区局紧急加派人手，新增了四组操作人员配合进行转供电操作，使转供电操作速度大幅加快。

7.4 "2013 年 4 月 1 日" 110 kV PH 站停电事件

1. 事件简述

4月1日16：35，YH电厂DCS电源柜风扇检修，DCS电源重启后导致YH电厂内110 kV HYⅠ线1184开关、HYⅡ线1292开关和YYⅡ线开关跳闸（此项工作并未知会当值调度），造成PH站110 kV母线失压。电网共损失负荷79 MW。其中受影响的重要用户情况如下：两个一级重要用户：一个只有一台变压器受影响，且无重要负荷；另一个有货运信号灯以及货运信号控制系统受影响；三个二级重要用户有其他路电源供电，均不受影响。

2. 事件前及事件后运行方式

事件前 110 kV PH 站运行方式如下：110kV 母线分列运行，#1 主变变高 1101 开关、#3 主变变高 1103 开关、HY Ⅱ 线 1292 开关、HQ线 1221 开关接 110 kV 1M 运行；110 kV HY Ⅰ 线 1184 开关、#2 主变变高 1102 开关、#4 主变变高 1104 开关接 110 kV 2M 运行；110 kV NH 线 1295 开关、110 kV 旁路 1032 开关接 110 kV 2M 热备用；110 kV 分段 10012 刀闸在分位；分段 10013 刀闸在合位。事件前运行方式如图 7-5 所示。

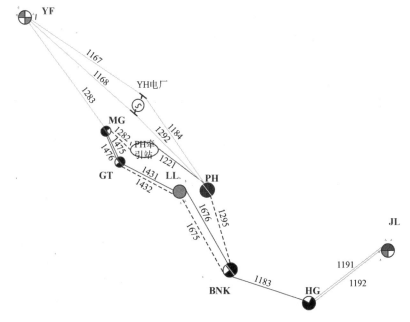

图 7-5　事件前运行方式

事件处理过程中，充分利用了 PH 站的旁路开关，及时有效地恢复了相关变电站的供电。事件后运行方式如图 7-6 所示。

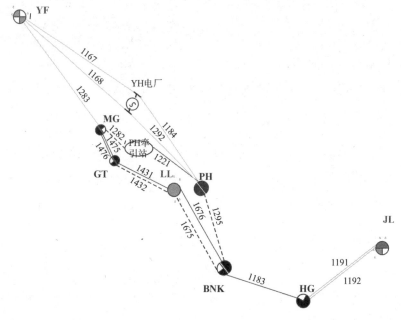

图 7-6　事件后运行方式

3. 事件处理经过

➤（主网）16：35，SCADA 显示：PH 站电容器 1C1、1C2、2C2 开关跳闸；YF 站高压侧有功负荷事故跳变 301.35--->220.354；PH 站 10 kV 母线无压报警。主网调度立刻通知 SZ 巡维中心站派人赶赴 PH 站，通知 YH 电厂检查厂内设备。

➤（主网）16：36，主网调度立刻电询 GS 铁路电调：PH 牵引站站内备自投是否动作，站内是否有电。其回复：MQ 线在供电，HQ 线无压，站内有电。

➤（配网）16：42，通知客服、总值班室、区局、变电。

➤（配网）16：45，联系区局对重要用户进行转供电，影响重要用户 5 个：2 个一级重要用户，3 个二级重要用户。

➤（主网）16：46，主网调度断开 PH 站 110 kV HY Ⅰ、Ⅱ线（1184、1292）和 HQ 线（1221）开关，110 kV NH 线（1295）开关本处热备用状态。

➤（配网）16：48，经与区局核实，两个一级重要用户中，一个只有一台变压器受影响，且无重要负荷；另一个有货运信号灯以及货运信号控制系统受影响；三个二级重要用户有其他路电源供电，均不受影响。

➤（主网）16：56，YH 电厂检查设备后报：HY Ⅰ、Ⅱ线，YY Ⅰ、Ⅱ线开关跳闸，保护及一次、二次设备信息待核实。当值调度从 OPEN3000 上看到电厂 110 kV 1M、2M 均无压，故断开 YF 站 110 kV YY Ⅰ、Ⅱ线 1167、1168 开关（考虑厂内未知是否发生恶性误操作等紧急事件，所以从保障系统安全稳定运行并解除人身安全威胁的角度，先行将其从系统隔离）。

➤（配网）17：03，将 PH 站 #1、#2、#3 主变转为热备用状态。

➤（主网）17：05，断开 BNK 站 NH 线 1295 开关，合上 PH 站 NH 线 1295 开关，再合上 BNK 站 NH 线 1295 开关，对 PH 站 110 kV 2M 充电（利用 BNK 站 NH 线 1295 开关手合后能加速保护来快速切除充电母线的故障）。

➤（主网）17：05，PH 站 110 kV 2M 复电后，通知配网可恢复 #2、#4 主变负荷。鉴于此次事件的相关保护信息全无，判断故障点比较困难，当值调度为谨慎起见，采取逐级送电的策略。

➤（配网）17：06，PH 站 #4 变恢复送电，10 kV 4M 恢复送电，已通知区局、客服、总值班室。

➤（主网）PH 站报 110 kV 1M 检查正常，10013 刀闸在合位。当值调度电询继保科专责，询问用旁路 1032 开关对 110 kV 1M 送电，保护定值应如何更改。继保科专责回复旁路 1032 开关保护应置于代 NH 线 1295 开关运行的定值区，并修改相间及接地距离 Ⅱ 段定值为 10Ω、0.1s，零序 Ⅱ 段时间改为 0.1s。

➤（主网）17：20，因 110 kV 1M 复电时间可能比较长，通知配网调度可通过 10 kV 分段转供 #1、#3 主变变低负荷。

➤（配网）17：20，遥控合 10 kV 分段 543 开关失败，10 kV 3BM 负荷无法转由 #4 主变代供。

➤（配网）17：23，PH 站 #2 变恢复送电，10 kV 2M 恢复送电，已通知区局、客服、总值班室。

➤（配网）17：24，受停电影响的 PH 牵引站货运信号灯、货运信号控制系统已恢复。

➤（配网）17：25，遥控合上 10kV 分段 521 开关，10 kV 1M 负荷转由 #2 主变代。

➤（配网）17：30，遥控合上 10kV 分段 531 开关，10 kV 3AM 负荷转由 #2 主变代。

➤（主网）18：00，PH 站继保人员更改旁路 1032 开关保护后，当值合上旁路 1032 开关对 110 kV 1M 充电正常，通知配网调度。

➤（配网）18：07，合上 PH 站 #1 主变变高 1101 开关、变低 501 开关，断开 10 kV 分段 521 开关。

➤（主网）18：09，合上 HQ 线 1221 开关，通知 GS 铁路电调，要求 PH 牵引站主供暂时将 MQ 线作主供电源，HQ 线作为备用，何时恢复正常待调度台通知。

➤（主网）18：10，下令 PH 站等电位合上 10012 刀闸，合上

10012 刀闸后，断开旁路 1032 开关，并要求现场将定值恢复至原值。

至此，PH 站复电路径为：LN Ⅱ线—BNK 站 110 kV 1M—PH 全站。通知输变电对此路径设备加强巡视。

➤（配网）18：13，合上 PH 站 #3 主变变高 1103 开关，变低 503A 开关、503B 开关，断开分段 531、532 开关。10 kV 3BM 复电，且 PH 站 10 kV 负荷恢复正常方式。

➤（配网）18：13，PH 站 10 kV 分段 543 开关合闸线圈烧坏，现场申请转冷备用处理。

➤（配网）18：21，PH 站 10 kV 分段 543 开关由热备用转冷备用。

➤（配网）19：57，PH 站 10 kV 分段 543 开关由冷备用转热备用。

➤（主网）19：00，YH 电厂报厂内 110 kV 母线具备送电条件，YF 站合上 110 kV YY Ⅰ、Ⅱ线 1167、1168 开关，YH 电厂合上 110 kV YY Ⅰ、Ⅱ线 1167、1168 开关，YH 电厂 110 kV 母线送电正常。YH 电厂合上 110 kV HY Ⅰ、Ⅱ线（1184、1292）开关，对 110 kV HY Ⅰ、Ⅱ线充电正常。事故处理到目前为止告一段落。

4. 事件的初步原因分析

YH 电厂报：电厂 DCS 电源柜风扇检修，DCS 电源重启后导致厂内开关跳闸。

7.5　"2012 年 4 月 10 日" SZ "4·10" 停电事件

1. 事件简述

2012 年 4 月 10 日 20：30，500 kV SZ 站 220 kV 母线故障，导致 SZ 市 LH、FT、LG 部分片区停电，公司第一时间启动应急预案，采取有效措施快速抢修复电，全力降低停电影响，当晚 22：07 恢复了正常供电。

2. 事件前运行方式

为配合 220 kV PC 片网至 LJ 线路工程施工，220 kV JL 甲乙线、ML 甲乙线、PQ 甲乙线及 110 kV LM 线、LTM 线拟于 2012 年 4 月 10 日—4 月 23 日同时停电（"PC-JL 工程"深圳片区电网结构图如图 7-7 所示）。计划检修工作前 SZ 中调发布地区电网Ⅲ级风险控制措施，要求措施落实到具体部门，相关单位设立联系人在措施落实后汇报给系统运行部和安全监察部，风险预控工作落实后检修工作正常进行。

3. 事故后运行方式

2012 年 4 月 10 日 18 时 44 分 03 秒，SZ 站 220 kV SQ 甲线 2538 开关（北京 ABB，型号 HPL245B1，2002 年 8 月投产）在正常运行时，

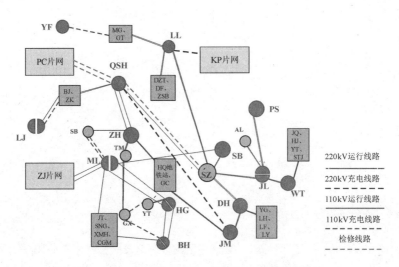

图 7-7　"PC-JL 工程"深圳片区电网结构图

A 相因内部故障发生爆炸，对侧 QSH 站 2538 线路零序Ⅲ段保护动作跳闸，220 kV SQ 甲线停电。为提高供电可靠性，GD 中调将 220 kV QSH 至 JM 线路合环运行，即 SZ、DH、JM、QSH 形成环网运行（图 7-8 为 SQ 甲线跳闸后 SZ 片区电网结构图）。

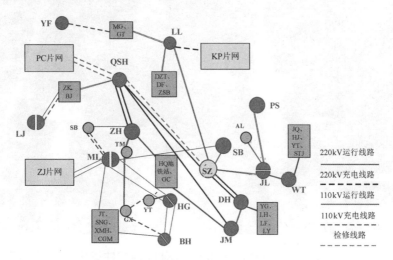

图 7-8 SQ 甲线跳闸后 SZ 片区电网结构图

针对 220 kV SQ 乙线 C 相开关缺陷，GD 中调迅速采取 SZ 站 220 kV 旁路开关代路 SQ 乙线开关运行的方法将故障点有效隔离。

针对 220 kV SQ 甲线 B 相、C 相开关闭锁分闸故障，GD 中调对 SZ 站下达了倒母线操作指令，20 时 30 分，运行人员将 220 kV SD 甲线 #1 母线侧 24501 刀闸（平高，型号 GW4A-220Ⅵ，1997 年投运）拉开后，正准备操作下一个间隔时，24501 刀闸 B 相支柱瓷瓶顶端突然断裂（见图 7-9）。

图 7-9　SZ 站 SD 甲线 24501 刀闸 B 相支柱瓷瓶断裂现场照片

刀闸断裂引发 220 kV #2 母线接地，导致 220 kV 母线的继电保护动作，两套母差保护正确出口，切除 SZ 站 220 kV 1M 母线、2M 母线上所有线路来隔离故障点，SZ 站 220 kV 母线全部失压。

由 500 kV SZ 站供电的 7 个 220 kV LL 站、JL 站、QSH 站、ZH 站、DH 站、JM 站、WT 站及所带 30 个 110 kV 变电站（含 3 个用户站）备自投动作成功，未失压。

事故前 SZ 市电网负荷 9621 MW（包括 SK 区域负荷 100 MW）。事故发生导致 SZ 地区损失负荷 759.78 MW（含处理过程中 SZ 中调限电负荷）。

4. 事故处理经过

事件发生后，SZ 中调立即按预案组织进行事件处理。

（1）第一阶段

➢（主网）20：35，110 kV BX 线备自投成功后，成为了 500 kV ZJ 片网—500 kV SZ 片网的一条通道，负荷达 300 MW，过载非常严重，SZ 调度立即按事故拉闸序位表对 ZH 网、QSH 网、DH 网进行了紧急事故限电。

➢20：35，断开 GX 站 #2 主变变低 502A 开关，事故限电 15.62MW。

➢20：36，断开 TM 站 #3 主变变低开关，事故限电 24.19MW。

➢20：36，断开 HQ 站 #2、#3 主变变低开关，事故限电负荷 14.6 MW、6.94 MW。

➢20：37，断开 TXL 站 #3 主变变低开关，事故限电 28.02MW。

➢20：38，备自投动作断开 HBL 站 #1 主变、#3 主变变低开关，合上 532 和 521 开关（10 kV 1M、3M 备自投过去后 # 2 主变过载）。

➢20：39，断开 WJ 站 #1 主变变低开关，事故限电 16.8MW。

➢20：39，断开 SG 站 #2、#3 主变变低开关，事故限电 30.22MW。

➢20：40，断开 ZH 站 #2 主变变低开关，事故限电 11.35 MW。

➢20：40，断开 ZH 站 #3 主变变低开关，事故限电 29.94 MW。

➢20：41，断开 QSH 站 #3 主变变低开关，事故限电 29.94 MW。

➢20：42，断开 LC 站 #1 主变、#3 主变变低开关，事故限电 17.1 MW、15.26 MW。

➢ 20：43，断开 HBL 站 10 kV 分段 532 开关，事故限电 10.91 MW（10 kV 1M、3M 备自投过去后 #2 主变过载）。

➢ 20：45，断开 LF 站 #1 主变变低开关，事故限电 10.58 MW。

➢ 20：47，断开 YG 站 #1 主变变低开关，事故限电 7.54 MW。

➢ 20：47，断开 LT 站 #2 主变变低开关，事故限电 6.51 MW。

➢ 20：49，断开 DH 站 #1 主变变低开关，事故限电 19.68 MW。

➢ 20：50，断开 HL 站 #2 主变变低开关，事故限电 17.1 MW。

➢ 20：51，断开 GX 站 #2 主变变低 502B 开关，事故限电 11.25 MW。

➢（主网）20：38，为减轻 110 kV BX 线负荷，将 110 kV BJ 站、ZK 站转 LJ 网供。

➢（主网）20：53，遥控合 220kV HG 站 2012、1012 开关，恢复 110 kV YT 站供电。

➢（主网）20：54，遥控合上 YT 站 110 kV YX 线开关，建立了 500 kV ZJ 片网——500 kV SZ 片网第二条通道，进一步减轻 110 kV BX 线负荷到热稳值以下。

➢（主网）20：55，遥控合 110 kV SB 站 MS Ⅰ、LMS Ⅱ 线开关，建立了 500 kV ZJ 片网——500 kV SZ 片网第三条通道，110 kV YX 线负荷减轻到热稳值以下。

500 kV SZ 片网 220 kV 母线失压后 SZ 片电网结构图如图 7-10 所示。

110kV BX 线及其他备自投装置的自投成功，保证了 220 kV LL 站、JL 站、QSH 站、ZH 站、DH 站、JM 站、WT 站及所带 30 个 110 kV 变电站（含 3 个用户站）未失压，但 220 kV SB 站、110 kV YT 站失压，同时 SZ 站安稳装置动作切除 110 kV GT 站、MG 站、DZT 站、DF 站、

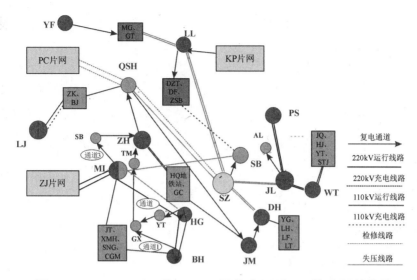

图 7-10　500kV SZ 站 220kV 母线失压后 SZ 片电网结构图

ZSB 站，因 JL 站备自投动作后线路过负荷切除 110 kV AL 站，累计造成 1 个 220 kV 站和 7 个 110 kV 站失压。本停电事件未对核电厂及其他厂用电、XG 电网造成影响。

（2）第二阶段

➤（主网）20：59，MG 站、GT 站由 LL 网转 YF 网供，MG 站、GT 站复电正常。

➤（主网）21：46，DZT 站复电正常。

➤（主网）21：54，DF 站复电正常。

➤（主网）21：55，ZSB 站复电正常。

➤（主网）22：02，220 kV QSH 站、ZH 站、JM 站、DH 站、SB 站 220 kV 母线恢复由 500 kV SZ 站供电。

➤（主网）22：07，AL 站复电正常。

➤（主网）22：07，所有失压变电站恢复供电。

➤ 22：10，合上 LF 站 #1 主变变低开关，可恢复事故限电 10.58 MW。

➤ 22：11，SB 站 #1 主变由热备用转为运行。

➤ 22：11，合上 LT 站 #2 主变变低开关，可恢复事故限电 6.51 MW。

➤ 22：13，合上 DH 站 #1 主变变低开关，可恢复事故限电 19.68 MW。

➤ 22：14，合上 LC 站 #1 主变、#3 主变变低开关，可恢复事故限电 17.1 MW、15.26 MW。

➤ 22：14，合上 HBL 站 #3 主变变低开关，可恢复事故限电 10.91 MW。

➤ 22：17，合上 HQ 站 #2、#3 主变变低，可恢复事故限电负荷 14.6 MW、6.94 MW。

➤ 22：17，合上 QSH 站 #3 主变变低开关，可恢复事故限电 29.94 MW。

➤ 22：25，AL 站 #1、#3 主变由热备用转运行，10 kV 母线恢复正常运行。

➤ 22：27，合上 WJ 站 #1 主变变低开关，可恢复事故限电 16.8 MW。

➤ 22：27，合上 TXL 站 #3 主变变低开关，可恢复事故限电 28.02 MW。

➤ 22：29，合上 SB 站 #3 主变变低开关，可恢复事故限电 29.21 MW。

➤ 22：31，DF 站 #1、#3 主变由热备用转运行，10 kV 母线恢复正常运行方式。

➤ 22：33，合上 GX 站 #2 主变变低开关，可恢复事故限电 26.87 MW。

➤ 22：34，合上 YG 站 #1 主变变低开关，可恢复事故限电 7.54 MW。

➤（主网）22：30，紧急限电负荷全部恢复送电。

广东中调事件处理：

➤（主网）21：25，500 kV SZ 站 220 kV 2M 母线复电正常。

➤（主网）21：34，220 kV SB 站复电正常。

➤（主网）21：42，GD 中调令合上 500 kV SZ 站 #3 主变变中 2203 开关、#5 主变变中 2205 开关。

➤（主网）21：56，GD 中调令合上 SB 站 MS 线开关，SZ 片网与 ZJ 配网 220 kV 合环。GD 中调令合上 SZ 站 SD 乙线开关、2030 开关，SD 乙线、SQ 乙线复电正常。

➤（主网）22：15，GD 中调恢复 SZ 片网 220 kV 运行方式至事故发生前运行方式。

4. 事故处理总结与改进

（1）系统运行部结合电网结构，大力推广了 110 kV 和 10 kV 备自投装置的安装工作，在此次事件中，备自投装置成功动作，维持 30 座变电站继续运行，最大程度地帮助快速复电，对降低事件级别功不可没，为提高供电可靠性提供有力的技术保障。

（2）主、配一体化，调控一体化优点凸现，为提高事故处理的效率奠定了坚实的基础。在本次事故中，由于在"调控一体化"模式下，调度机构同时承担了全网调度运行及监视控制工作，当值调度能够通过 OPEN3000 系统，直接对变电站主变变低开关进行控制，在保留重要用户供电的同时，迅速完成负荷控制，避免了事件的扩大。

（3）由于电网一次、二次设备的日益强大，调度台目前很少接触到这类大事件，而处理这类大事件，特别需要扎实的专业功底、良好的心理素质、团队精神和沟通协调能力。这次事件中当值调度员事故处理思路清晰、决策正确、操作迅速、处理果断，在事故发生 2 小时左右的时间内，全部恢复了受影响区域的正常供电。这类软硬功夫，一方面需要调度员自我的不断提炼，一方面也需要相关部门提供不同层次的培训和演练。因此，主网调度将在专业（保护、变电、输电）培训和 DTS 演练方面增加力度和难度，熟知 500 kV 片网之间、220 kV 片网之间 220 kV、110 kV 的临时通道，针对风险发布事故预案的编制和演练，最大限度地减少电网运行风险。

（4）在应对较大电网事件的处置中，信号监视、联系电话、电网操作、发布信息等工作量都会突增几倍甚至十几倍，若人员不够，将会对事故处理有直接影响。因此，调度建立了调度备班的长效机制，在天气恶劣、操作量大的情况下，深圳供电局及时启动 IV 级响应。同时，编制重要设备的应急指引，将责任落实到值内每一人，保证调度台工作默契配合，有序进行。

（5）SZ 多个变电站是紧凑型布置，变电站内各类设备质量良莠不齐，这些都是电网运行的实时风险，特别是在进行母线侧刀闸操作时。因此，主网调度将建立现场安全操作询问制，对天气不佳以及较大型、复杂的操作，例如倒母线、多回线路跨越等，调度当值将会询问现场是否具备操作条件，以提醒现场加强工作前和工作中的风险管控。

（6）电网事故时，一些 220 kV、110 kV 高电压等级的用户（高铁、地铁、水厂等）也可能会被波及，虽然各高电压等级的值班人员都进行了接令资格认证，但他们仍缺乏应对电压全失时与供电调度的有效沟通能力。因此，对此类高电压等级的重要用户，调度计划建立回访、沟通机制，对每个用户编制专项事故预案，定期联合市场部和用户进行事故演练，提高此类重要用户对停电应急处置的能力。

（7）此次事件中，调度自动化主站系统（OPEN3000）安全、稳定、准确和及时，特别是在面临海量数据处理及并发操作时经受住了考验，但 OPEN3000 对调度的支撑能力也需进一步提高，调度将和自动化专业建立月例会制度，及时将调度业务需求和自动化化专业进行交流和反馈。

7.6　"2012 年 4 月 8 日" 110 kV XL 站停电事件

1. 事件简述

4 月 8 日 15：26：54，因外力施工破坏，110 kV LX 线（1289）、XL 线（1284）两条线路跳闸，引起 110 kV XL 站失压。

得知停电后，当值调度立即向客户服务中心、NS 供电局、市场营销部通报停电原因、影响范围、故障处理进展等情况。由于 110 kV LX 线（1289）、XL 线（1284）两条线路同时跳闸，XL 站同时失去 XX、LXD 两个电源点，短时间无法复电，配网调度立即组织区局对停电重要用户进行转供电。与此同时，当值调度果断采取措施，积极制定应急方案，并考虑采取倒供电的方式尽快恢复 XL 站站用电源的供电，以期将影响降至最低水平。

2. 事件处理经过

➤ 16：28，XL 医院已通过转供恢复正常用电，其他用户亦在逐步进行转供中。

➤ 18：24，XL 站将 F19 艺晶线速断保护定值由 0.3s 改为 0s，并退出 F19 的线路重合闸。

➤ 18：28，XL 站 F19 艺晶线送电，并通过 BM 站 F02 艺晶二线倒供至 XL 站 10kV 1M，10kV 1M 恢复送电。

➤ 18：29，XL 站合上 #1 站用变 ST1 开关，将 ST2 负荷切换至 ST1 供，恢复站用变电源用电。

➤ 20：00，XL 站 F14 路灯线由运行转为冷备用，合上留仙塘朗 B 户外环网柜 #4 开关，将 F14 路灯线站内开关作为联络点，将负荷转供至 DXC 站 F03 塘朗 B 区线，恢复路灯用电。

➤ 20：02，考虑到 XL 站 F08 大学城二线无法转供，XL 站合上 10 kV 分段 521 开关。

➤ 20：05，F08 大学城二线送电正常，至此，已通过转供将医院、给水泵站、路灯等重要负荷进行复电，并且当值调度已制定出所有用户转供方案，转供方案逐步进行中。

➤ 21：17，主网通知，XL 站已通过 110 kV XL 线 1284 送电，110 kV 母线充电正常，当值立即进行 XL 站主变及 10 kV 线路的复电。

➤ 21：57，XL 站所有 10 kV 线路恢复送电。

至此，事件处理告一段落。

3. 事件影响

本次事件影响范围较大，停电时间较长，且有医院、给水泵站、路灯等重要用户停电。考虑到 XL 站短时无法复电，当值调度果断采取措施，积极制定应急方案，立即组织区局对重要用户进行转供电，同时采取站外倒供方式对无法转供的用户进行复电，保证了包括医院、给水泵站、路灯等重要用户在内的一部分用户的用电，有效降低了停电影响。但与此同时，受人手及交通等因素影响，转供复电进行较慢，至 XL 站 110kV 母线复电，共有 6 条线路转供复电正常。